甘肃中医药大学定西校区学术文库

复杂系统的
动力学分析与同步控制

FUZA XITONG DE DONGLIXUE
FENXI YU TONGBU KONGZHI

李德奎／编著

西南交通大学出版社
·成 都·

内容简介

本书首先简要介绍混沌、复杂网络的研究简史、相关概念、基本性质，以及经典的混沌系统模型．然后，讨论混沌系统的稳定性、Hopf 分岔和混沌系统的仿真电路．最后，研究了相同维数和不同维数混沌系统的函数投影同步、非时滞复杂动力学网络的同步与控制、时滞复杂动力学网络的函数投影同步．读者可以从中掌握研究复杂动力学系统的稳定性和同步控制的基本方法和相关结论．

本书可供研究混沌系统和复杂网络的学者使用，也可作为理工科院校大学生的选修课教材或教学参考书．

图书在版编目（ＣＩＰ）数据

复杂系统的动力学分析与同步控制 / 李德奎编著.
一成都：西南交通大学出版社，2017.11
ISBN 978-7-5643-5885-3

Ⅰ . ①复⋯ Ⅱ . ①李⋯ Ⅲ . ①混沌理论 – 动力学分析
②混沌理论 – 控制论　Ⅳ . ①O415.5

中国版本图书馆 CIP 数据核字（2017）第 275068 号

复杂系统的动力学分析与同步控制

李德奎　编著

责任编辑	李　伟
助理编辑	李华宇
封面设计	墨创文化

出版发行	西南交通大学出版社 （四川省成都市二环路北一段 111 号 西南交通大学创新大厦 21 楼）
邮政编码	610031
发行部电话	028-87600564　028-87600533
官网	http://www.xnjdcbs.com
印刷	四川煤田地质制图印刷厂

成品尺寸	170 mm×230 mm
印张	12.25
字数	181 千
版次	2017 年 11 月第 1 版
印次	2017 年 11 月第 1 次
定价	48.00 元
书号	ISBN 978-7-5643-5885-3

　　20 世纪下半叶，非线性科学得到了前所未有的蓬勃发展．非线性科学是一门研究非线性现象共同特征的基础科学，与量子力学和相对论一起被誉为 20 世纪自然科学的"三大革命"[1-5]．科学界认为，非线性科学的研究不仅具有重大的理论意义，而且具有非常广阔的应用前景．

　　复杂系统的动力学分析与同步控制是非线性科学研究的一个重要领域，包括系统平衡点的稳定性与分类、周期运动与分岔、混沌运动，非线性系统的函数投影同步与控制、系统未知参数和未知拓扑结构的辨识等内容．复杂系统的动力学分析与同步控制是混沌理论、复杂网络的同步与控制、非线性动力系统的电路设计及参数估计理论等多个学科的交叉课题．大量研究表明，复杂系统在生物医学工程、电子工程、信息工程、力学工程、实验物理、化学工程和应用数学等领域中具有广泛的应用前景．

　　本书是作者在参考大量中外文文献和相关著作的基础上，对自己近年来科研成果的整理、扩展和完善的成果。全书共分 5 章，第 1 章绪论，介绍了混沌、复杂网络的研究简史、相关概念、基本性质及经典的混沌系统模型；第 2 章和第 3 章分别讨论了混沌系统的动力学行为和混沌系统的函数投影同步；第 4 章和第 5 章分别介绍了非时滞和时滞复杂动力学网络的函数投影同步.

本书的出版得到了"甘肃中医药大学定西校区学术著作出版基金"的资助，同时，甘肃中医药大学定西校区的张怀德教授、连玉平副教授和重庆理工大学的独力副教授为本书的出版提供了宝贵的意见和建议，编写过程也得到了父母和妻子的大力支持，在此表示衷心的感谢.

由于作者水平有限，时间仓促，书中难免存在不足之处，敬请各位同行专家、学者和读者不吝施教、批评指正，在此表示感谢.

作 者

2017 年 7 月

| 目录 |

1 绪 论

非线性科学的研究具有重大的科学意义和广阔的应用前景，非线性科学主要包括混沌、孤立波、分形等. 半个多世纪以来，人们对混沌运动的规律及其在自然科学和社会科学中的表现有了更深刻的认识，然而，如何应用混沌理论的研究成果为人类社会服务仍是目前非线性科学发展的一个新课题，也是科学家所面临的一个巨大挑战. 因此，研究和掌握混沌理论及其应用是非常必要的.

复杂网络普遍存在于人类社会和自然界中，如 WWW、Internet、社会关系网、经济网络、交通网络、电力网络、神经网络、生态系统网络等. 然而，人类社会的网络化是一把"双刃剑"，它既给人们的生产生活带来了极大的便利，提高了人们的生产效率和生活质量，同时，又给人们的社会生活带来了负面冲击，如传染病和计算机病毒的快速传播以及大面积的停电事故等. 因此，人们需要对各种复杂网络行为有更好的研究和认识，让复杂网络给人类的生产生活带来便利是科学研究的一个重要课题.

本章重点介绍混沌及复杂网络 5 个方面的内容，即混沌的研究简史、混沌的性质、经典混沌系统简介、复杂网络的研究简史和复杂网络的基本概念等.

1.1 混沌的研究简史

混沌是确定的非线性系统特有的一种类似随机的运动，揭示了有序与无序的统一，确定性和随机性的统一. 混沌理论的基本思想起源于 20 世纪初，形成于 20 世纪 60 年代，发展壮大于 20 世纪 80 年代.

自 20 世纪以来，统计物理学和热力学经历了平衡—近平衡—远离平衡的发展阶段. 在耗散结构理论初期，侧重于研究系统是如何从混沌到有序的发展，找到了一些从混沌到有序发展的条件. 据此，普利高津曾得出有序来自混沌的结论[6,7].

1963 年，美国气象学家洛伦茨（Lorenz）在著名论文《决定论非周期流》中讨论了天气预报的困难和大气湍流现象，给出了具有三个变量的自治系统，即著名的 Lorenz 系统[8]，其动力学方程为

$$
\begin{cases}
\dot{x} = \sigma(x - y) \\
\dot{y} = -xz + rx - y \\
\dot{z} = xy - bz
\end{cases}
\tag{1.1.1}
$$

式中，σ, r, b 为系统参数，取 $b = 8/3$，$\sigma = 10$，当参数 $r < 24$ 时，系统处于平衡状态；当参数 $r > 24$，系统处于混沌状态. Lorenz 系统的提出开启了混沌研究的新纪元.

1964 年，法国天文学家伊伦（Henon M.）从研究球状星团及洛伦茨吸引子中得到启发，给出了 Henon 映射[9]：

$$
\begin{cases}
x_{n+1} = 1 + by_n - ax^2 \\
y_{n+1} = x_n
\end{cases}
\tag{1.1.2}
$$

式中，a, b 为系统参数，当 $b = 0.4$ 时，改变参数 a，其运动轨道在相空间的分布越来越随机. Henon 映射得到一种最简单的奇怪吸引子，用它建立的"热引力崩坍"理论揭示了几个世纪以来一直遗留的太阳系的稳定性问题[7].

1975 年，美籍华人学者李天岩和美国数学家 Yorke 在《数学月刊》发表《周期 3 意味着混沌》的著名论文[10]，揭示了从有序到混沌的演化过程.

1976 年，美国生态学家梅（May R.）在 *Nature* 杂志上发表了《具有极复杂动力学的简单数学模型》的论文，其中的数学模型为

$$x_{n+1} = \mu x_n (1 - x_n) \tag{1.1.3}$$

该模型称为人口（或虫口）模型，即著名的 Logistic 模型[11]. 当系统参数 μ 在一定范围内变化时，该系统具有极其复杂的动力学行为，包括分岔与混沌.

1979 年，费根包姆（Feigenbaum M.）研究发现了倍周期分岔现象中的标度性和普适常数，从而使得混沌在现代科学中具有坚实的理论基础[12].

20 世纪 90 年代，美国科学家 Pecora 和 Carroll 在混沌控制和混沌同步方面取得了突破性进展[13]，从而在学术界掀起了"混沌控制与同步"的热潮，将混沌的应用扩展到工程技术领域及其他领域. 同时，由于混沌运动是存在于自然界中的一种普遍运动形式，所以对混沌的研究不仅推动了其他科学的发展，而且其他科学的发展又促进了对混沌的研究. 因此，混沌与其他科学相互交错、相互发展[7].

近年来，随着对混沌理论的深入研究，混沌在科学和工程技术领域的应用研究也迅速发展起来. 在非线性电路系统中，混沌信号由于具有内在的随机行为、非周期性、连续宽带频谱、类似噪声的特性，使得以混沌为基础的保密通信步入了实际应用阶段. 同时在其他学科领域得到了广泛应用，如混沌神经网络、经济学、生命科学等.

1.2 混沌的性质

虽然科学界对混沌已经有了深刻的认识，但是迄今为止还没有对混沌公认的数学定义，这是由于混沌系统非常复杂，从不同的角度理解会有不同的内涵. 目前，混沌的定义有离散动力系统的

Li-Yorke 意义下的混沌[10]，高维空间中有相应的 Marotto 定理[14]；Devaney 意义下的混沌[15]和连续动力系统的 Smale 马蹄意义下的混沌[16]；物理和工程技术上混沌的判据是其有界性和正的李雅普诺夫指数值，并用正的李雅普诺夫（Lyapunov）指数的个数来区分系统是混沌系统还是超混沌系统.

一般认为，混沌系统的主要特性为对初值的高度敏感性、有界性、长期不可预测性、正的李雅普诺夫（Lyapunov）指数、遍历性、分维性、普适性和具有连续功率谱[17].

1. 对初值的高度敏感性

对于稳定系统而言，当初值条件很接近时，系统的运动轨道也是很接近的，然而混沌运动对初值具有敏感依赖性，即当初值条件具有微小的差别，随着时间的推移，混沌系统的相邻轨道间按指数率分开.

以 Lorenz 系统（1.1.1）为例，参数 $\sigma = 10, r = 28, b = 8/3$ 时，系统处于混沌运动状态，取初值条件分别为 $(1,-2,2)$ 和 $(1.001,-2,2)$，得到状态变量 x 的时间序列如图 1.2.1 所示. 从图 1.2.1 中可以看出，混沌对初值具有高度敏感依赖性.

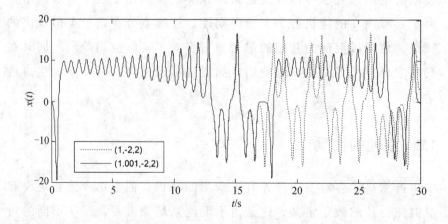

图 1.2.1 不同初值条件下状态变量 x 的时间序列图

2. 有界性

混沌的运动轨道始终局限于一个确定的区域，这个区域称为混沌吸引域. 无论混沌内部多么不稳定，它的轨道都不能离开其吸引域，从整体上看混沌系统是有界的且是稳定的.

以 Lorenz 系统（1.1.1）为例，参数 $\sigma = 10, r = 28, b = 8/3$ 时，系统处于混沌运动状态，分别得到状态变量 x，y，z 在 100 s 内的时间序列图，如图 1.2.2 所示. 从图 1.2.2 中可以看出，混沌系统具有有界性.

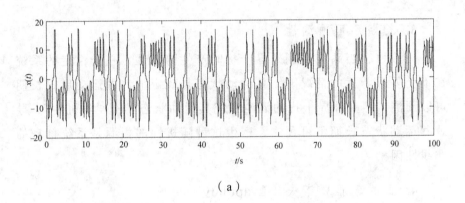

（a）

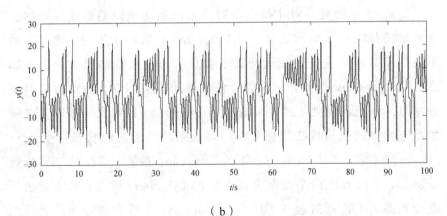

（b）

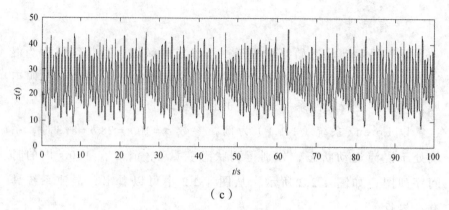

（c）

图 1.2.2　Lorenz 混沌系统状态变量的时间序列图

3. 长期不可预测性

一般地，当系统受到外界干扰时产生随机性，一个稳定的系统在不受外界干扰的情况下，其运动状态是确定的，即运动形式长期可以预测. 不受外界干扰的混沌系统其运动状态具有"随机性"，导致其运动状态长期不可预测，产生这种随机性的根源是系统自身的非线性因素.

4. 正的李雅普诺夫（Lyapunov）指数

Lyapunov 指数是对非线性映射产生的运动轨道趋近或分离的整体效果进行定量刻画的工具. 当 Lyapunov 指数小于零时，轨道间的距离按指数率消失，系统运动处于静止状态，对应的吸引子为不动点；当 Lyapunov 指数等于零时，各轨道间距离不变，运动轨道对应分岔点. 系统运动处于周期状态，当 Lyapunov 指数大于零时，在初始状态相邻的轨道按指数率分离，系统运动处于混沌状态.

一般而言，系统具有一个正的 Lyapunov 指数，系统处于混沌运动状态；系统具有两个或两个以上正的 Lyapunov 指数，系统处于超混沌状态. 下面通过表 1.2.1 给出 Lyapunov 指数的符号与耗散系统运动形式的对应关系.

表 1.2.1　Lyapunov 指数对耗散系统吸引子及运动形式的分类

维数 n	Lyapunov 指数的符号	吸引子类型	运动形式
3	− − −	稳定不动点	静 止
	0 − −	极 限 环	周 期 运 动
	0 0 −	二 维 环 面	准 周 期 运 动
	+ 0 −	混 沌 吸 引 子	混 沌 运 动
4	− − − −	稳定不动点	静 止
	0 − − −	极 限 环	周 期 运 动
	0 0 − −	二 维 环 面	准 周 期 运 动
	0 0 0 −	三 维 环 面	准 周 期 运 动
	+ 0 − −	混 沌 吸 引 子	混 沌 运 动
	+ 0 0 −	三维环面上的混沌吸引子	混 沌 运 动
	+ + 0 −	超 混 沌 吸 引 子	超 混 沌 运 动

5. 遍历性

混沌吸引子的动力学行为是各态历经的，即在无限时间内混沌运动轨道经过混沌吸引域内的每一个点，既不自我重复也不自我交叉. 因此，混沌在全局搜索、系统辨识和最优参数设计等方面具有重要的应用价值.

6. 分维性

分维性是指混沌的运动轨迹在相空间中的行为特征. 混沌系统在相空间中的运动轨线，在某个有限区域内经过无限次折叠，不同于一般确定性运动，不能用整数表示其维数，这种无限次的折叠可以用分数维数表示. 分数维数表现为混沌运动状态具有多叶、多层结构，表现为无限层次的自相似结构.

7. 普适性

普适性是指不同系统走向混沌态时所表现出来的某些共同特

征，它不依赖于具体的系统方程或结构参数而变化，具体体现为几个普适常数.如系统经过倍周期分岔进入混沌时，其分岔值序列收敛的过程中，间隔比的极限 $\delta \approx 4.6692$，这个常数就是著名的费根鲍姆常数.普适性是混沌内在规律的一种体现.

8. 连续功率谱

连续功率谱是混沌系统的一个统计特征，混沌系统的功率谱往往是在连续谱上叠加了一些具有一定宽度的线状谱宽峰，宽峰的中心频率即为相轨线做近似周期运动的平均频率.对于混沌运动，因其具有内在随机性，其频谱是连续的，而且所研究的问题是确定性混沌，所以混沌功率谱与随机过程功率谱是有明显区别的.而拟周期运动的功率谱为离散谱线，所以用功率谱图可以区分混沌运动和拟周期运动.

以 Lorenz 系统为例，参数 $\sigma = 10, r = 28, b = 8/3$ 时，系统处于混沌运动状态，取初值条件为（0.1，0.2，1），状态变量 x 的功率谱如图1.2.3 所示.从图 1.2.3 中可以看出 Lorenz 系统的功率谱是连续频谱，说明 Lorenz 系统在参数 $\sigma = 10, r = 28, b = 8/3$ 时，处于混沌运动状态.

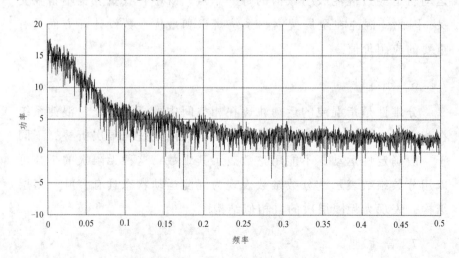

图 1.2.3　Lorenz 系统的功率谱

1.3 经典混沌系统简介

经典混沌系统的提出对混沌理论的发展具有极其重要的促进作用，是混沌研究和应用的基础. 下面介绍 4 个经典的混沌系统模型，分别为 Henon 映射、Logistic 系统、Lorenz 系统和 Chua 电路系统.

1. Henon 映射

1964 年，法国天文学家 Henon 提出了著名的 Henon 映射[9]，其离散迭代方程为

$$\begin{cases} x_{n+1} = 1 + by_n - ax^2 \\ y_{n+1} = x_n \end{cases}$$

式中，a，b 为系统参数；x，y 为状态变量. 固定参数 $b=0.2$，取 a 为系统的分岔参数，当 $a \in [0,1.6]$ 变化时，得到如图 1.3.1 所示的分岔图.

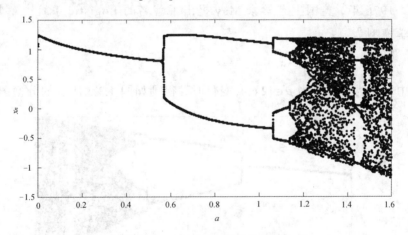

图 1.3.1　Henon 映射分岔图

从图 1.3.1 中可以看出，当参数 $a \in [0,1.6]$ 变化时，系统具有丰富的动力学行为. 系统由稳定状态经过倍周期分岔，走向混沌运动. 当参数 $a \in [0,1.14]$ 时，系统处于稳定状态；当参数 $a \in [1.14,1.43]$ 时，系统处于混沌状态；当参数 $a \in [1.43,1.47]$ 时，系统又处于周期运动；当参数 $a \in [1.47,1.6]$ 时，系统又处于混沌状态.

根据图 1.3.1 所示的分岔图，固定参数 $b=0.2$，取 $a=1.6$，得到如图 1.3.2 所示的 Henon 映射的混沌吸引子相图.

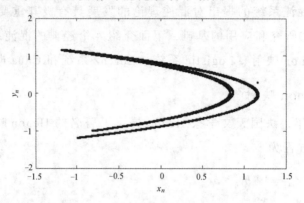

图 1.3.2　Henon 映射的混沌吸引子

2. Logistic 系统

1976 年，美国生态学家 May 提出了著名的 Logistic 系统[11]，其数学模型为

$$x_{n+1} = \mu x_n (1 - x_n)$$

式中，μ 为参数. 当 $\mu \in [2.6, 4]$ 变化时，得到如图 1.3.3 所示的分岔图.

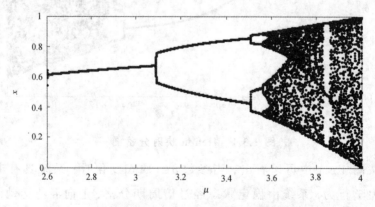

图 1.3.3　Logistic 系统的分岔图

从图 1.3.3 中可以看出，当参数 $\mu \in [2.6, 4]$ 变化时，系统具有丰富的动力学行为，逐步发生倍周期分岔，最后进入混沌运动. 当参

数 $\mu \in [2.6, 3.56]$ 时，系统处于稳定的平衡状态；当参数 $\mu \in [3.56, 4]$ 时，系统处于混沌状态.

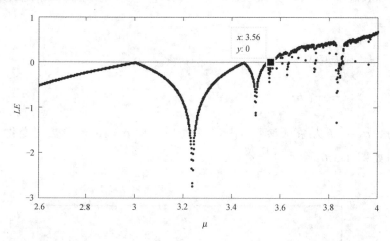

图 1.3.4 Logistic 系统的 Lyapunov 指数图

从图 1.3.4 中可以看出，当参数 $2.6 \leq \mu \leq 3.56$ 时，系统的最大李雅普诺夫指数 $LE \leq 0$，系统处于稳定状态；当参数 $3.56 \leq \mu \leq 4$ 时，系统的最大李雅普诺夫指数 $LE > 0$，系统处于混沌运动状态.

由此可见，图 1.3.3 和图 1.3.4 反映出相同的结果，取 $\mu = 3.7$，系统处于混沌状态，其混沌迭代序列图如图 1.3.5 所示.

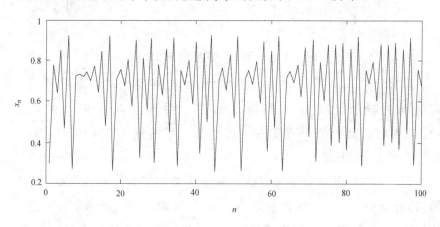

图 1.3.5 Logistic 系统的迭代序列图

3. Lorenz 系统

Lorenz 提出的著名的 Lorenz 系统[8]，它是一个三维自治系统，其数学模型为

$$
\begin{cases}
\dot{x} = \sigma(x-y) \\
\dot{y} = -xz + rx - y \\
\dot{z} = xy - bz
\end{cases}
$$

式中，σ, r, b 为系统参数；固定参数 $b = 8/3, \sigma = 10$. 当参数 r 变化时，得到如图 1.3.6 所示的分岔图.

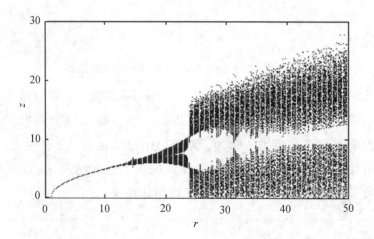

图 1.3.6　Lorenz 系统的分岔图

从图 1.3.6 中可以看出，当参数 $r \in [0,50]$ 变化时，系统具有丰富的动力学行为，由倍周期分岔进入混沌运动状态. 当参数 $r \in [0,24]$ 时，系统处于稳定的平衡状态；当参数 $r \in [24,50]$ 时，系统处于混沌运动状态.

图 1.3.7 中虚线为零刻度线，其他三条实线为随系统参数 r 变化的 Lyapunov 指数曲线，可以看出，当参数 $r \in [0,24)$ 变化时，三个 Lyapunov 指数都小于等于零，根据表 1.2.1，说明系统处于稳定状态；

当参数 $r \in [24,50]$ 变化时，三个 Lyapunov 指数的符号为（＋0－），根据表 1.2.1，说明系统处于混沌状态．这和分岔图 1.3.6 得到的结论是一致的．

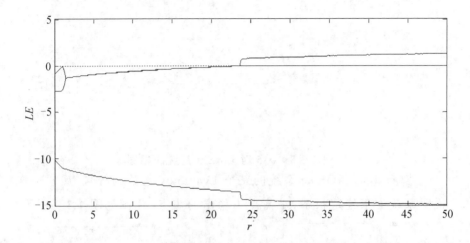

图 1.3.7　Lorenz 系统的 Lyapunov 指数图

当 $r=5$ 时，Lorenz 系统的三个 Lyapunov 指数的符号为（－－－），说明系统处于静止状态，平衡点为稳定的结点，相图如图 1.3.8 所示．

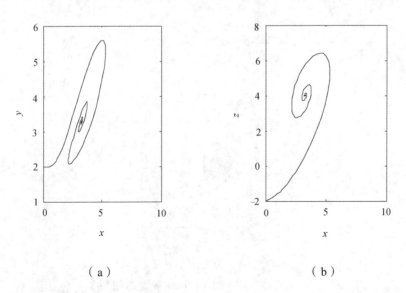

（a）　　　　　　　　　　（b）

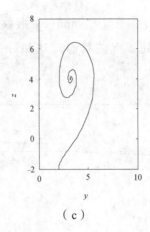

（c）

图 1.3.8 $r=5$ 时 Lorenz 系统的相图

当 $r=20$ 时，Lorenz 系统的三个 Lyapunov 指数的符号为(－－－)，说明系统处于稳定状态，平衡点为稳定的焦点，相图如图 1.3.9 所示.

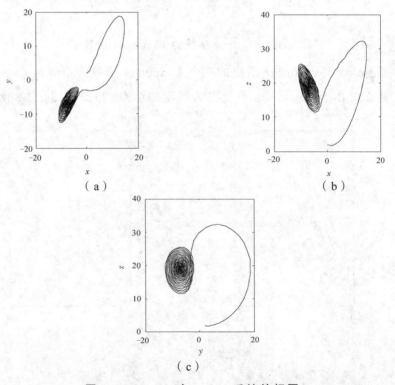

图 1.3.9 $r=20$ 时 Lorenz 系统的相图

当 $r=28$ 时，Lorenz 系统的三个 Lyapunov 指数的符号为(+ 0 -)，说明系统处于混沌运动状态，具有如图 1.3.10 所示的混沌吸引子.

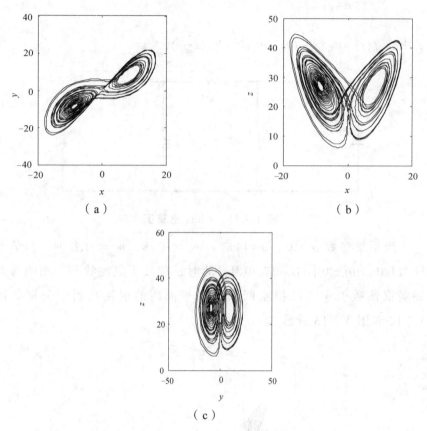

（a） （b）

（c）

图 1.3.10 $r=28$ **时 Lorenz 系统的相图**

4. Chua 电路系统

Chua L O 构造的 Chua 电路系统是第一个真正用电路实现的混沌系统[18]，电路图如图 1.3.11 所示. Chua 电路由两个电容 C_1, C_2，一个电感 L，一个线性电阻 R 和一个分段线性电阻 g 组成. 它有丰富的动力学行为，包括各种分岔和双旋涡混沌奇怪吸引子.

根据图 1.3.11 和物理学的相关知识，得到 Chua 电路动力学方程的无量纲标准型方程为

$$\begin{cases} \dot{x} = p[-x+y-f(x)] \\ \dot{y} = x - y + z \\ \dot{z} = -qy \end{cases}$$

式中，$f(x) = m_0 x + \dfrac{1}{2}(m_1 - m_0)(|x+1| - |x-1|)$.

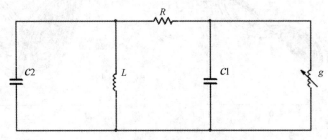

图 1.3.11 Chua 电路图

当系统参数 $p = 10$，$q = 14.87$，$m_0 = -0.68$，$m_1 = -1.27$时，初值条件为 $[x(0), t(0), z(0)] = [1, -0.2, -0.3]$，此时系统处于混沌状态，相图为双旋涡混沌吸引子，三维空间和二维平面内的混沌吸引子分别如图 1.3.12 和图 1.3.13 所示.

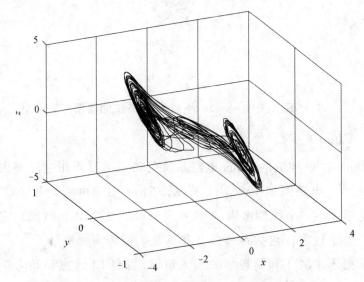

图 1.3.12 Chua 电路三维空间中的混沌吸引子

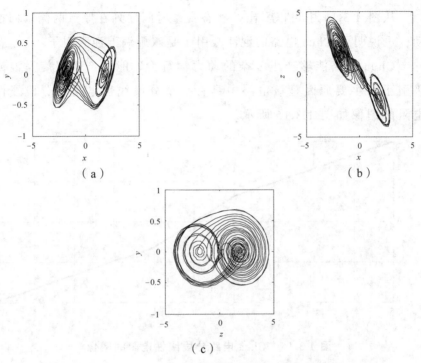

图 1.3.13　Chua 电路二维平面中的混沌吸引子

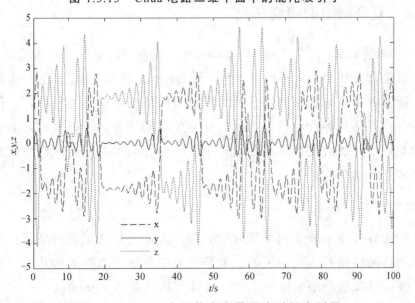

图 1.3.14　Chua 电路状态变量混沌时间序列图

从图 1.3.14 中可以看出，状态变量时间序列在原点两侧来回摆动，也说明了 Chua 电路的混沌吸引子是双旋涡混沌吸引子.

Chua 电路能够产生复杂的动力学行为，能够产生双旋涡混沌吸引子的主要原因是该电路中具有一个分段线性电阻，分段线性电阻的图像如图 1.3.15 所示.

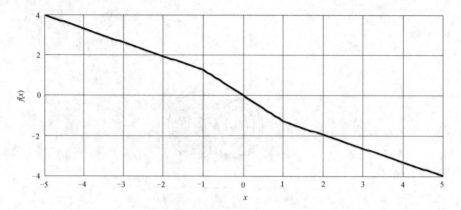

图 1.3.15　Chua 电路分段线性电阻的图像

1.4　复杂网络的研究简史

20 世纪 90 年代以来，以 Internet 为代表的信息技术迅速发展，从而使人类社会迈入了网络时代. 从 Internet 到 WWW，从生命体的大脑到各种新陈代谢网络，从大型电力网络到全球交通网络，从科研合作网络到各种经济、政治、社会关系网络等，可以说，人们生活在一个充满着复杂网络的世界中. 然而，人类对复杂网络的研究要从七桥问题谈起.

1. 七桥问题

随着近年来复杂网络研究的兴起，人们开始认识到网络结构的复杂性与网络行为间的关系. 要研究复杂网络在结构上的共性，就需要一种描述网络的统一工具，这种工具就是图（graph）.

　　实际网络的图表示方法起源于 18 世纪数学家欧拉对著名的"Konigsberg 七桥问题"的研究，如图 1.4.1 所示.

　　著名的七桥问题：一个人能否在一次散步中走过所有的七座桥，而且每座桥只经过一次，最后返回到原地？这个问题看似非常简单，但长期以来没有一个人能走出这样一条路径.

　　1736 年，欧拉将"七桥问题"抽象为一笔画问题，欧拉给出了能够一笔画完的图形是：除了起点和终点外，每一个点都能有偶数条边与之相连."七桥问题"每个点都是三条或五条边相连，所以不能一笔画，也就是说不重复地一次走过七座桥是绝对不可能的.

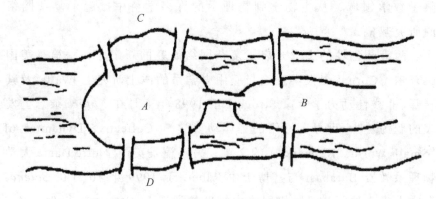

图 1.4.1　Konigsberg 七桥问题示意图

　　欧拉对"七桥问题"的抽象和论证思想，开创了数学的图论分支，因此，欧拉被称为图论之父. 事实上，今天人们关于复杂网络的研究与欧拉当年关于"七桥问题"的研究在某种程度上是一脉相承的，网络结构与网络性质密切相关.

2. 随机图理论

　　在数学家欧拉解决"七桥问题"之后的很长一段时间里，图论并没有得到足够的发展. 20 世纪 60 年代，匈牙利两位数学家 Rényi 和 Erdős 建立的随机图理论，被认为是开创了复杂网络理论的系统性研究[19]. 假设有 N ($N \gg 1$) 个纽扣散落在地上，并以相同的概率 p

在每对纽扣之间系上一根线. 这样就会得到一个具有 N 个节点, 边数的平均值为 $pN(N-1)/2$ 的 ER 随机图实例.

20 世纪的后 40 年中, 随机图理论一直是研究复杂网络结构的基本理论. 在此期间, 人们也做了试图揭示社会网络特征的一些实验, 如著名的复杂网络小世界实验 (small world experiment).

3. 复杂网络研究的新纪元

在 20 世纪即将结束之际, 人们开始研究节点数量众多、拓扑结构复杂的实际网络的整体特性, 从而复杂网络的研究也不仅局限于数学领域, 从生物学到物理学的许多学科中掀起了复杂网络的研究热潮.

两篇开创性的文章开启了复杂网络研究的新纪元, 一篇是美国康奈尔 (Cornell) 大学理论与应用力学系的博士研究生 Watts 及其导师、非线性动力学专家 Strogatz 于 1998 年 6 月在 *Nature* 杂志上发表的题为《"小世界" 网络的集体动力学》(Collective Dynamics of 'Small-World' Networks) 的文章; 另一篇是美国 Notre Dame 大学物理系教授 Barabasi 与其博士生 Albert 于 1999 年 10 月在 *Science* 杂志上发表的题为《随机网络中标度的涌现》(Emergence of Scaling in Random Networks) 的文章. 它们分别揭示了复杂网络的小世界性质和无标度特性, 并建立了相应的模型阐述这些特征的产生机理.

1.5 复杂网络的基本概念

从 20 世纪末开始, 复杂网络的研究正渗透到生命科学、数理科学和工程科学等众多领域, 对复杂网络的定量和定性特征的科学认识, 已经成为网络时代科学研究的一个极为重要的挑战性课题, 甚至被誉为 "网络的新科学 (new science of networks)" [20,21].

近年来, 人们在描述复杂网络结构时提出了许多方法和概念, 其中三个基本概念是平均路径长度 (average path length)、聚类系数

（clustering coefficient）与度分布（degree distribution）.

1. 平均路径长度

网络中任意两个节点 i 和 j 之间的距离 d_{ij} 是指连接这两个节点的最短路径上的边数. 网络中任意两个节点间距离的最大值叫作这个网络的直径 D，即

$$D = \max_{i,j} d_{ij}$$

网络的平均路径长度 L 为任意两节点间距离的平均值，则有

$$L = \frac{1}{\frac{1}{2}N(N-1)} \sum_{i \geqslant j} d_{ij}$$

式中，N 为网络的节点数目.

例如，图 1.5.1 所示的是一个包含 5 个节点和 5 条边的一个简单网络，不难得出该网络的直径 $D = d_{45} = 3$，平均路径长度 $L = 1.6$.

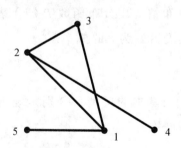

图 1.5.1 一个简单网络

2. 聚类系数

在朋友关系网中，某人的两位朋友很可能彼此也是朋友，这种现象称为网络的聚类特性. 一般地，假设网络中的节点 i 有 k_i 条边把它和其他的 k_i 个节点相连，这 k_i 个节点称为 i 节点的邻居节点. 在这 k_i 个节点之间最多可能存在 $k_i(k_i-1)/2$ 条边，那么就把这 k_i 个节点

间实际存在的边数 E_i 和总的可能边数 $k_i(k_i-1)/2$ 的比值叫作节点 i 的聚类系数 C_i，则有

$$C_i = \frac{2E_i}{k_i(k_i-1)}$$

整个网络的聚类系数 C 就是所有节点 i 的聚类系数 C_i 的平均值. 显然 $0 \leqslant C \leqslant 1$. 当所有的节点均为孤立节点，没有任何连接的边时，平均聚类系数 $C=0$；当网络是完全耦合的，即网络中的任意两个节点都是直接相连时，平均聚类系数 $C=1$.

3. 度分布

网络中节点 i 的度（degree）是指与节点 i 连接的其他节点的数目. 有向网络中节点的度分为出度和入度，出度是指从该节点指向其他节点的边的数目，入度是指从其他节点指向该节点的边的数目. 直观上看，一个节点的度越大，就意味着这个节点在某种意义上越重要. 网络中所有节点的度的平均值叫作网络的平均度，记为 $<k>$. 节点的度的分布情况用分布函数 $P(k)$ 表示. $P(k)$ 是指一个随机选定的节点其度恰好为 k 的概率.

4. 基本模型

复杂网络包括几类基本的模型，分别是规则网络、随机网络、小世界网络和无标度网络.

1）规则网络

规则网络是指常见的具有规则拓扑结构的网络. 规则网络又分为全局耦合网络、最近邻耦合网络、星形耦合网络等.

全局耦合网络（globally coupled network）是网络中任意两个节点之间都有边直接相连接的网络，如图 1.5.2（a）所示. 因此，在含有相同节点数的所有网络中，全局耦合网络具有最大的聚类系数 $C_{gc}=1$ 和最小的平均路径长度 $L_{gc}=1$. 虽然全局耦合网络模型反映了

许多实际网络具有的小世界和聚类性质，但是其作为小世界网络模型的局限性是比较明显的，一个含有 N 节点的全局网络有 $N(N-1)/2$ 条边，然而大多数的大型实际网络都是比较稀疏的，它们的边的数目一般至多是 $O(N)$，而不是 $O(N^2)$.

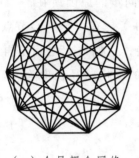
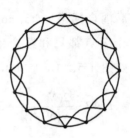

（a）全局耦合网络　　　　　（b）最近邻耦合网络

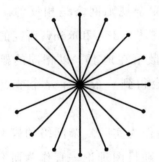

（c）星形耦合网络

图 1.5.2　规则网络模型

一类大量研究的稀疏网络是最近邻耦合网络，最近邻耦合网络（nearest- neighbor coupled network）是每个节点只和它周围的邻居节点相连的网络，如图 1.5.2（b）所示. 每一个节点只和它周围左右各 $K/2$（K 为偶数）个邻居节点相连. 对于较大的 K 值，最近邻耦合网络的聚类系数为

$$C = \frac{3(K-2)}{4(K-1)} \approx \frac{3}{4}$$

从聚类系数可知，最近邻耦合网络是高度聚类的. 然而，最近邻

网络不是小世界网络，对于给定的 K 值，该网络的平均路径长度为

$$L \approx \frac{N}{2K} \to \infty \quad (N \to \infty)$$

这就是为什么一个局部耦合的网络很难同步的原因所在.

星形耦合网络（star coupled network）是有一个中心节点，其余的 $N-1$ 个节点都只和这个中心节点连接，它们彼此之间不再连接的网络，如图 1.5.2（c）所示. 星形网络的平均路径长度为

$$L = 2 - \frac{2(N-1)}{N(N-1)} \to 2 \quad (N \to \infty)$$

2）随机网络

完全随机网络与完全规则网络是相反的. 其中最典型的完全随机网络模型(见图 1.5.3)是 Erd□s 和 Rényi 研究的 ER 随机图模型[19]. 假设有 $N(N \gg 1)$ 个纽扣散落在地上，以相同的概率 p 在每对纽扣之间系上一根线. 这样就会得到一个具有 N 个节点，约 $pN(N-1)/2$ 条边的 ER 随机网络.

虽然 ER 随机网络作为实际复杂网络的模型存在缺陷，但是在 20 世纪的后 40 年中，ER 随机图理论一直作为研究复杂网络拓扑的基本理论，其中的一些思想在目前的复杂网络理论研究中仍然很重要.

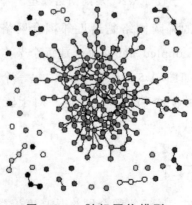

图 1.5.3　随机网络模型

3）小世界网络

规则的最近邻耦合网络虽然具有高聚类性，但不具有小的平均路径长度，另一方面，ER 随机图虽然具有小的平均路径长度但没有高聚类特性．因此，这两类网络模型都不能反映真实网络的一些特征，毕竟现实中的大部分网络既不是完全规则的，也不是完全随机的．例如，在现实生活中人们通常认识他们的邻居和同事，但也可能有少量远在异国他乡的朋友．WWW 上的网页也绝不是完全随机地连接在一起的．

Watts 和 Strogtz 于 1998 年提出了小世界网络模型，称为 WS 小世界网络模型（见图 1.5.4）．小世界网络是一类特殊的复杂网络，是从完全规则网络向完全随机网络过渡的网络，它不仅具有较高的聚类系数，而且也具有较短的平均路径长度．

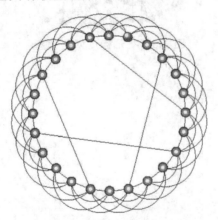

图 1.5.4　小世界网络模型

4）无标度网络

Albert 和 Barabási 认为以前的网络模型没有考虑到实际网络的两个重要特性——增长特性和优先连接性．

（1）增长特性网络的规模会不断扩大．例如，WWW 上每天都会有大量新的网页产生．

（2）优先连接特性新节点更倾向于和那些有较高连接度的"大"

节点相连，这种现象称为"富者更富"或"马太效应". 于是，他们提出了无标度网络模型，被称为 BA 模型. 无标度网络的大部分节点只和少数节点相连，而少数节点具有大量和它们连接的节点. 例如，新的个人主页的超文本链接更可能指向新浪等一些著名的网站.

图 1.5.5 无标度网络模型

2 混沌系统的动力学分析

构造具有复杂动力学特性的混沌系统是研究和应用混沌的重要前提，这方面的工作包括两个方向：一个是基于 Chua 电路来构建具有多卷波混沌吸引子的广义 Chua 电路，如利用线性分段函数、阶梯函数、迟滞函数等来实现多种广义 Chua 电路[30]；另一个是在 Lorenz 系统基础上构建新的混沌系统，先后提出了 Chen 系统、Lü 系统[31]等.

由于非线性的作用，非线性动力系统失稳后将会发生分岔，产生新的平衡态，经过突变和不断的分岔，最后进入混沌状态. 本章的主要内容包括基于经典的 Lorenz 系统得到一个时滞类 Lorenz 系统，基于经典的 Chen 系统得到单参数 Chen 系统，并介绍了这两个系统的平衡点稳定性、发生 Hopf 分岔的参数条件，以及对 Hopf 分岔的稳定性分析. 本章共分为 3 节，分别为时滞类 Lorenz 系统的 Hopf 分岔分析、单参数 Chen 系统的动力学分析及电路实现、单参数 Chen 系统的 Hopf 分岔及参数辨识.

2.1 时滞类 Lorenz 系统的 Hopf 分岔分析

自 1963 年气象学家 Lorenz 提出第一个经典的 Lorenz 系统[8]以来，大量的混沌系统被提出，如 Rössler 系统[22]、Van der pol-Duffing 振子[23]、Lü 系统[24]、Liu 系统[25]、Qi 系统[26]、T 系统[27]、Chen 系统[28,34]等. 近年来，分岔问题的研究与应用已成为动力系统中的重要课题，其中 Hopf 分岔是一类非常重要的分岔，在生物学、化学等众多科学领域中被广泛研究和应用. 所谓 Hopf 分岔，就是指参数变化时系统在平衡点附近出现小振幅的周期解.

文献[29]中提出了一个新的类 Lorenz 系统，并研究了它的分岔规律，该系统的动力学方程为

$$\begin{cases} \dot{x} = a(y - x) \\ \dot{y} = bx - xz \\ \dot{z} = -cz + dx^2 \end{cases} \qquad (2.1.1)$$

式中，x，y，z 为状态变量；a，b，c，d 为系统参数. 该系统含有六项，其中仅有两个非线性项，与其他的混沌或超混沌系统相比，该系统的结构形式更加简单，所以电路实现更加容易. 因此，该系统在保密通信等领域具有潜在的应用价值.

在文献[29]提出的类 Lorenz 系统（2.1.1）中，给状态变量施加时滞得到一个泛函微分动力系统，称为时滞类 Lorenz 系统. 本节将研究时滞类 Lorenz 系统仅存在零平衡点的条件，通过分析系统在零平衡点处的线性化系统对应的特征方程根的分布，得出系统在零平衡点处稳定性条件和存在 Hopf 分岔的条件. 最后给出一些数值模拟验证所得结论的正确性.

1. 时滞类 Lorenz 系统

在类 Lorenz 系统（2.1.1）中考虑时滞现象，构造一个时滞类 Lorenz 系统为

$$\begin{cases} \dot{x} = a[y(t - \tau) - x] \\ \dot{y} = bx - xz \\ \dot{z} = -cz + dx^2 \end{cases} \qquad (2.1.2)$$

式中，x，y，z 为系统的状态变量；a，b，c，d 为系统参数；$\tau(>0)$ 为时滞量，可以理解为捕食者具有捕食能力所用的时间、传染病的潜伏期或信号传输的延迟时间等.

系统（2.1.2）具有三个平衡点，它们分别为

$(0,0,0)$ ，

$(\dfrac{\sqrt{bcd}}{d},\dfrac{\sqrt{bcd}}{d},b)$ ，

$(-\dfrac{\sqrt{bcd}}{d},-\dfrac{\sqrt{bcd}}{d},b)$

当系统（2.1.2）的参数 $a>0$、$b<0$、$c>0$、$d>0$ 时，系统（2.1.2）有唯一的平衡点 $O(0,0,0)$. 下面考虑时滞类 Lorenz 系统（2.1.2）平衡点 $O(0,0,0)$ 的稳定性.

2. 平衡点的稳定性和 Hopf 分岔的存在性

在平衡点 $O(0,0,0)$ 处线性化系统（2.1.2），可得到线性系统为

$$\begin{cases} \dot{x}=a[y(t-\tau)-x] \\ \dot{y}=bx \\ \dot{z}=-cz \end{cases} \qquad (2.1.3)$$

线性系统（2.1.3）对应的特征方程为

$$\begin{vmatrix} -a-\lambda & ae^{-\lambda\tau} & 0 \\ b & -\lambda & 0 \\ 0 & 0 & -c-\lambda \end{vmatrix}=0 \qquad (2.1.4)$$

方程（2.1.4）可化为

$$\lambda^3+p_1\lambda^2+p_2\lambda+(q_2\lambda+q_3)e^{-\lambda\tau}=0 \qquad (2.1.5)$$

其中，$p_1=a+c$ ；$p_2=ac$ ；$q_2=-ab$ ；$q_3=-abc$.

引理 2.1.1　若 $\tau=0$，则系统（2.1.2）的平衡点 $O(0,0,0)$ 是局部渐近稳定的.

证明：当 $\tau = 0$ 时，特征方程（2.1.5）转化为

$$\lambda^3 + p_1\lambda^2 + (p_2 + q_2)\lambda + q_3 = 0 \qquad （2.1.6）$$

因为参数 $a > 0$、$b < 0$、$c > 0$、$d > 0$，所以易知 $p_1 > 0$，$p_1(p_2+q_2) > q_3$，$q_3 > 0$．根据 Routh-Hurwitz 定理可知，特征方程（2.1.6）的所有根都具有负实部．所以当 $\tau = 0$ 时，系统（2.1.2）的平衡点 $O(0,0,0)$ 是渐近稳定的．

当 $\tau > 0$ 时，设 $\lambda = \mathrm{i}\omega$（$\omega$ 是大于零的待定常数）是方程（2.1.5）的一个纯虚根，则虚部 ω 满足

$$-\mathrm{i}\omega^3 - p_1\omega^2 + \mathrm{i}\omega p_2 + (\mathrm{i}\omega q_2 + q_3)(\cos\omega\tau - \mathrm{i}\sin\omega\tau) = 0 \qquad （2.1.7）$$

根据复数相等可得

$$\begin{cases} q_3\cos\omega\tau + q_2\omega\sin\omega\tau - p_1\omega^2 = 0 \\ q_2\omega\cos\omega\tau - q_3\sin\omega\tau + p_2\omega - \omega^3 = 0 \end{cases} \qquad （2.1.8）$$

方程（2.1.8）可等价转化为

$$\omega^6 + (p_1^2 - 2p_2)\omega^4 + (p_2^2 - q_2^2)\omega^2 - q_3^2 = 0 \qquad （2.1.9）$$

对于方程（2.1.9）有下列结论．

引理 2.1.2 方程（2.1.9）至少有一个正实根．

证明：令 $u = \omega^2$，则方程（2.1.9）可化为

$$u^3 + (p_1^2 - 2p_2)u^2 + (p_2^2 - q_2^2)u - q_3^2 = 0 \qquad （2.1.10）$$

设

$$f(u) = u^3 + (p_1^2 - 2p_2)u^2 + (p_2^2 - q_2^2)u - q_3^2 \qquad （2.1.11）$$

函数（2.1.11）可转化为

$$f(u) = \frac{1 + (p_1^2 - 2p_2)\dfrac{1}{u} + (p_2^2 - q_2^2)\dfrac{1}{u^2} - q_3^2 \dfrac{1}{u^3}}{\dfrac{1}{u^3}} \qquad (2.1.12)$$

由（2.1.11）和（2.1.12）易知

$$f(0) = -q_3^2 < 0, \quad \lim_{u \to +\infty} f(u) = +\infty$$

因此，根据函数零点存在定理，至少存在一个实数 $u_0 \in (0, +\infty)$，使得 $f(u_0) = 0$. 所以方程（2.1.10）至少有一个正实根. 因为 $u = \omega^2$，从而方程（2.1.9）至少有一个正实根.

设 ω_0 为方程（2.1.9）的一个正实根，则方程（2.1.5）有一纯虚根 $\mathrm{i}\omega_0$. 又由方程（2.1.8）可得

$$\cos \omega\tau = \frac{q_2\omega^4 + p_1 q_3 \omega^2 - p_2 q_2 \omega^2}{q_2^2 \omega^2 + q_3^2} \qquad (2.1.13)$$

将 $\omega = \omega_0$ 代入方程（2.1.13），则时滞 τ 的值为

$$\tau_k = \frac{1}{\omega_0} \arccos\left(\frac{q_2\omega_0^4 + p_1 q_3 \omega_0^2 - p_2 q_2 \omega_0^2}{q_2^2 \omega_0^2 + q_3^2} \right) + \frac{2k\pi}{\omega_0} \qquad (2.1.14)$$

$(k = 0, 1, 2 \cdots)$

因此 (ω_0, τ_k) 是方程（2.1.5）的解，即 $\lambda = \pm \mathrm{i}\omega_0$ 是时滞 $\tau = \tau_k$ 时方程（2.1.5）的一对共轭的纯虚根.

设 $\tau_0 = \min\{\tau_k\}$，则时滞 $\tau = \tau_0$ 是使得方程（2.1.5）出现纯虚根 $\lambda = \pm \mathrm{i}\omega_0$ 时 τ 的最小值. 因此有下面的引理.

引理 2.1.3 如果 $a > 0$、$b < 0$、$c > 0$、$d > 0$，$\tau = \tau_0$，那么方程（2.1.5）有一对纯虚根 $\lambda = \pm \mathrm{i}\omega_0$.

设方程（2.1.5）的特征根 $\lambda(\tau) = \alpha(\tau) + \mathrm{i}\omega(\tau)$，满足 $\alpha(\tau_k) = 0$ 和 $\omega(\tau_k) = \omega_0$. 下面给出横截性条件.

引理 2.1.4 如果 $f'(\omega_0^2) = 3\omega_0^4 + 2(p_1^2 - 2p_2)\omega_0^2 + p_2^2 - q_2^2 > 0$，则

$$\frac{\mathrm{d}\,\mathrm{Re}\,\lambda(\tau)}{\mathrm{d}\tau}\Big|_{\tau=\tau_k} > 0$$

证明：对方程（2.1.5）的两边关于 τ 求导，可得

$$[3\lambda^2 + 2p_1\lambda + p_2 + q_2\mathrm{e}^{-\lambda\tau} - \tau(q_2\lambda + q_3)\mathrm{e}^{-\lambda\tau}]\frac{\mathrm{d}\lambda}{\mathrm{d}\tau} \tag{2.1.15}$$

$$= \lambda(q_2\lambda + q_3)\mathrm{e}^{-\lambda\tau}$$

根据方程（2.1.5）可得

$$(q_2\lambda + q_3)\mathrm{e}^{-\lambda\tau} = \lambda(\lambda^2 + p_1\lambda + p_2) \tag{2.1.16}$$

将（2.1.16）代入（2.1.15）可得

$$\left(\frac{\mathrm{d}\lambda}{\mathrm{d}\tau}\right)^{-1} = -\frac{3\lambda^2 + 2p_1\lambda + p_2}{\lambda^2(\lambda^2 + p_1\lambda + p_2)} + \frac{q_2}{\lambda(q_2\lambda + q_3)} - \frac{\tau}{\lambda} \tag{2.1.17}$$

因为 $\lambda(\tau_k) = \mathrm{i}\omega_0$，所以有

$$\mathrm{Re}[(\frac{\mathrm{d}\lambda}{\mathrm{d}\tau})^{-1}|_{\tau=\tau_k}] = -\mathrm{Re}[\frac{3\lambda^2 + 2p_1\lambda + p_2}{\lambda^2(\lambda^2 + p_1\lambda + p_2)}|_{\tau=\tau_k}] + \mathrm{Re}[\frac{q_2}{\lambda(q_2\lambda + q_3)}|_{\tau=\tau_k}]$$

$$= \mathrm{Re}[\frac{-3\omega_0^2 + 2ip_1\omega_0 + p_2}{\omega_0^2(-\omega_0^2 + ip_1\omega_0 + p_2)}] + \mathrm{Re}(\frac{q_2}{-q_2\omega_0^2 + iq_3\omega_0})$$

$$= \frac{(p_2 - 3\omega_0^2)(p_2 - \omega_0^2) + 2p_1^2\omega_0^2}{\omega_0^2[(p_2 - \omega_0^2)^2 + p_1^2\omega_0^2]} - \frac{q_2^2}{q_2^2\omega_0^2 + q_3^2}$$

$$\tag{2.1.18}$$

当 $\tau = \tau_k$ 时，方程（2.1.5）有纯虚根 $\mathrm{i}\omega_0$，代入方程（2.1.5）得

$$-\mathrm{i}\omega_0^3 - p_1\omega_0^2 + ip_2\omega_0 + (iq_2\omega_0 + q_3)\mathrm{e}^{-\mathrm{i}\omega_0\tau} = 0 \tag{2.1.19}$$

因为 $\mathrm{e}^{-\mathrm{i}\omega_0\tau} = \cos\omega_0\tau - \mathrm{i}\sin\omega_0\tau$，所以 $\left|\mathrm{e}^{-\mathrm{i}\omega_0\tau}\right| = 1$。因此由（2.1.19）可得

$$\left|-p_1\omega_0^2 + i(p_2\omega_0 - \omega_0^3)\right| = \left|q_3 + iq_2\omega_0\right|$$

即

$$\omega_0^2[(p_2 - \omega_0^2)^2 + p_1^2\omega_0^2] = (q_2\omega_0)^2 + q_3^2 \qquad (2.1.20)$$

结合（2.1.18）与（2.1.20）可得

$$\mathrm{Re}[(\frac{\mathrm{d}\lambda}{\mathrm{d}\tau})^{-1}|_{\tau=\tau_k}] = \frac{3\omega_0^4 + 2(p_1^2 - 2p_2)\omega_0^2 + p_2^2 - q_2^2}{q_2^2\omega_0^2 + q_3^2}$$

$$= \frac{f'(\omega_0^2)}{q_2^2\omega_0^2 + q_3^2} > 0$$

因为 $\mathrm{Sign}[\mathrm{Re}(\frac{\mathrm{d}\lambda}{\mathrm{d}\tau}|_{\tau=\tau_k})] = \mathrm{Sign}\{\mathrm{Re}[(\frac{\mathrm{d}\lambda}{\mathrm{d}\tau})^{-1}|_{\tau=\tau_k}]\}$，所以定理得证.

于是，根据引理 2.1.4 和 Hopf 分岔理论可得到下列结论.

定理 2.1.1 如果 $a > 0$、$b < 0$、$c > 0$、$d > 0$ 且 $f'(\omega_0^2) > 0$，那么

（1）当 $\tau \in [0, \tau_0)$ 时，系统（2.1.2）的平衡点 $O(0,0,0)$ 是渐近稳定的；

（2）当 $\tau > \tau_0$ 时，系统（2.1.2）的平衡点 $O(0,0,0)$ 是不稳定的；

（3）$\tau = \tau_k$ $(k = 0, 1, 2, 3, \cdots)$ 是系统（2.1.2）的 Hopf 分岔值，即系统（2.1.2）在平衡点 $O(0,0,0)$ 处发生 Hopf 分岔.

3. 数值仿真

因为系统（2.1.2）的参数 $a > 0$、$b < 0$、$c > 0$、$d > 0$，所以不妨取 $a=10$、$b=-4$、$c=2.5$、$d=4$. 这时系统（2.1.2）可化为

$$\begin{cases} \dot{x} = 10y(t-\tau) - 10x \\ \dot{y} = -4x - xz \\ \dot{z} = -2.5z + 4x^2 \end{cases} \qquad (2.1.21)$$

使用数学软件计算得：方程（2.1.9）的正实根 $\omega_0 = 3.7458$，易

得 $f'(\omega_0^2) = 2.597\,2 \times 10^3 > 0$ ，方程（2.1.14）中 $\tau_0 = 0.323\,7$ ．因此，定理 2.1.1 可具体化为下面的推论．

推论 2.1.1 若 $a > 0$、$b < 0$、$c > 0$、$d > 0$ 且 $f'(\omega_0^2) > 0$，则

（1）当 $\tau \in [0, 0.323\,7)$ 时，系统（2.1.21）的平衡点 $O(0,0,0)$ 是渐近稳定的；

（2）当 $\tau > 0.323\,7$ 时，系统（2.1.21）的平衡点 $O(0,0,0)$ 是不稳定的；

（3）$\tau = 0.323\,7 + 0.533\,9k\pi$ $(k = 0,1,2,3,\cdots)$ 是系统（2.1.21）的 Hopf 分岔点值，即系统（2.1.21）在平衡点 $O(0,0,0)$ 处发生 Hopf 分岔，产生极限环．

下面使用数学软件，绘出时滞 τ 取不同值时，系统（2.1.21）的状态变量随时间 t 的轨线图和相图（见图 2.1.1~2.1.5），说明所得结论的正确性．

从图 2.1.1 和图 2.1.2 可以看出，当 $\tau = 0.3$ 时，系统（2.1.21）的状态变量 x，y，z 的值随时间 t 的推移趋于平衡点 $O(0,0,0)$，所以系统（2.1.21）的平衡点 $O(0,0,0)$ 是渐近稳定的．

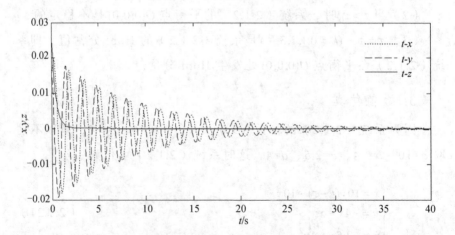

图 2.1.1 当 $\tau = 0.3$，$x(t) = 0.01$，$y(t) = 0.02$，$z(t) = 0.03$ $(t \in [-0.3, 0])$ 时，系统（2.1.21）的状态变量 x，y，z 随时间 t 的变化曲线

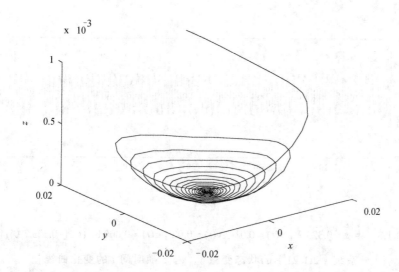

图 2.1.2 当 $\tau = 0.3$ ， $x(t) = 0.01$ ， $y(t) = 0.02$ ， $z(t) = 0.001$ ($t \in [-0.3, 0]$)时，系统（2.1.21）在 $O\text{-}xyz$ 空间中的相图

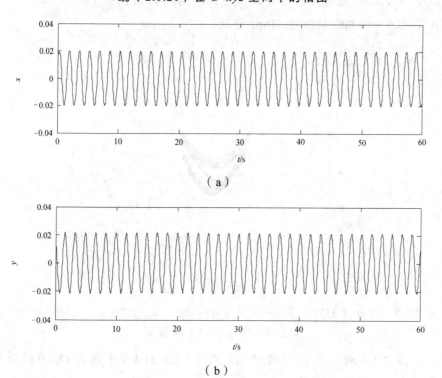

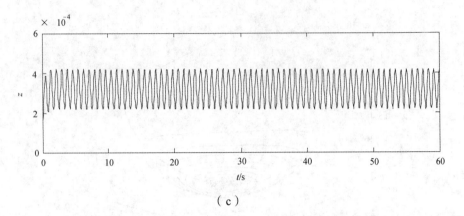

（c）

图 2.1.3　当 $\tau = 0.323\,7$，$x(t) = 0.01$，$y(t) = 0.02$，$z(t) = 0.000\,1$　$(t \in [-0.323\,7, 0])$ 时，

系统（2.1.21）的状态变量 x，y，z 随时间 t 的变化曲线

从图 2.1.3 可以看出，当 $\tau = 0.323\,7$ 时，系统（2.1.21）的状态变量 x，y，z 的值随时间 t 的增大永远保持周期振荡，说明系统（2.1.21）在平衡点 $O(0,0,0)$ 处发生 Hopf 分岔.

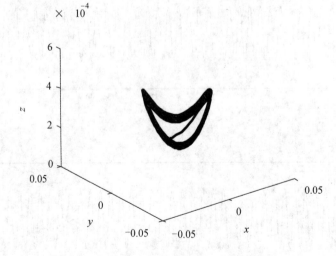

图 2.1.4　当 $\tau = 0.323\,7$，$x(t) = 0.01$，$y(t) = 0.02$，$z(t) = 0.000\,2$　$(t \in [-0.323\,7, 0])$

时，系统（2.1.21）的相图

图 2.1.4 表示当 $\tau = 0.323\,7$ 时，系统（2.1.21）在平衡点 $O(0,0,0)$ 处

发生 Hopf 分岔，在相空间 $O\text{-}xyz$ 上都出现了极限环.

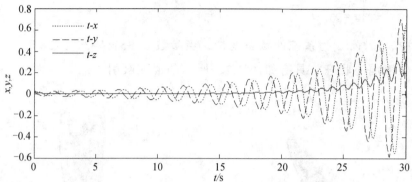

图 2.1.5　当 $\tau = 0.35$ ，$x(t) = 0.01$ ，$y(t) = 0.02$ ，$z(t) = 0.03$ $(t \in [-0.35, 0])$ 时，**系统（2.1.21）的状态变量 x，y，z 随时间 t 的变化曲线**

从图 2.1.5 可以看出，系统（2.1.21）的状态变量 x，y，z 的值随时间 t 逐渐远离平衡点，也就是说当 $\tau = 0.35$ 时，系统（2.1.21）的平衡点 $O(0,0,0)$ 是不稳定的.

4. 结论

因为时滞是动力系统中普遍存在的现象，所以研究泛函微分动力系统的稳定性和分岔是非常必要的. 本节首先给出了时滞类 Lorenz 系统仅存在零平衡点的条件，系统在零平衡点处线性化系统的特征方程根的分布情况，得到系统在零平衡点处的稳定性条件和存在 Hopf 分岔的参数条件，数值仿真也说明了所得结论的正确性.

2.2   单参数 Chen 系统的稳定性分析及电路实现

由于混沌在医学和生物、信号处理、通信、控制系统和优化等领域存在潜在的应用价值，所以大量新混沌系统被相继提出.1999 年，陈关荣在研究混沌反控制的过程中，发现了与 Lorenz 系统具有类似结构，但不拓扑等价的 Chen 系统[28]，其动力学方程为

$$\begin{cases} \dot{x} = a(y-x) \\ \dot{y} = (c-a)x - xz + cy \\ \dot{z} = xy - bz \end{cases} \qquad\qquad (2.2.1)$$

式中，x，y，z 为系统的状态变量，当参数 a=35，b=3，c=28 时，系统处于混沌状态，具有如图 2.2.1 所示的混沌吸引子.

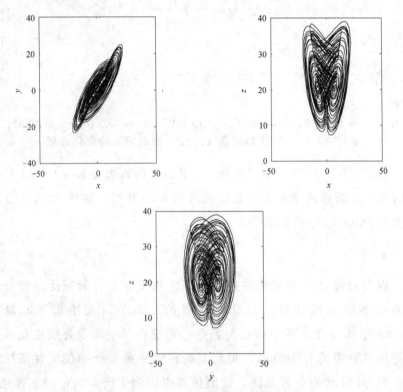

图 2.2.1　Chen 系统的混沌吸引子

　　虽然许多混沌系统已被相继提出，但是得到的参数较少，结构较简单，具有较宽频谱带宽的混沌系统仍是科研工作者不断努力的方向，因为这样的混沌系统电路实现容易，在混沌掩饰保密通信领域具有潜在的应用价值.

　　对 Chen 系统进行简化，提出了单参数 Chen 系统，并给出系统的一些性质，然后通过改变整个参数空间参数的取值，仿真分析发现，系统具有丰富的动力学行为，最后通过设计系统电路，电路仿真得到系统周期运动和混沌运动的相图.

1. 单参数 Chen 系统

对 Chen 系统进行简化，构造单参数 Chen 系统为

$$\begin{cases} \dot{x} = 35(y - x) \\ \dot{y} = -ax - xz + (35 - a)y \\ \dot{z} = xy - 3z \end{cases} \qquad (2.2.2)$$

式中，x，y，z 为系统的状态变量；a 是系统唯一的参数. 当 $a=32$ 时，系统（2.2.2）就演变成了 Chen 混沌系统（2.2.1）.

单参数 Chen 系统（2.2.2）的线性部分矩阵 $A = [a_{ij}]_{3\times3}$ 满足

（1）当 $a > 35$ 时，$a_{12}a_{21} < 0$；

（2）当 $a = 35$ 时，$a_{12}a_{21} = 0$；

（3）当 $a < 35$ 时，$a_{12}a_{21} > 0$；

根据 Vaněcek A. 和 Celikovsky S. 提出的一个临界条件[32]，系统（2.2.2）包含三种不同的拓扑结构，具有丰富的动力学行为，是混沌理论应用研究的新模型.

2. 单参数 Chen 系统的基本动力学行为

1）对称性和不变性

在变换 $(x,y,z) \to (-x,-y,z)$ 下，系统（2.2.2）的方程保持不变，说明系统（2.2.2）关于 z 轴对称，另外，z 轴就是系统的一条轨道. 若 $t=0$ 时，有 $x=y=0$，则对 $t>0$ 都有 $x=y=0$. 更进一步，当 $t\to\infty$ 时，z 轴上的所有点都趋于原点.

2）耗散性和吸引子的存在性

当 $35 \leqslant a \leqslant 175$ 时，系统（2.2.2）关于原点是全局一致渐进稳定的.

不妨构造 Lyapunov 函数为

$$V(x,y,z) = \frac{1}{2}(x^2 + y^2 + z^2)$$

则得到

$$\dot{V}(x,y,z) = x\dot{x} + y\dot{y} + z\dot{z} = -\frac{175-a}{4}x^2 - (a-35)\left(y+\frac{x}{2}\right)^2 - 3z^2$$

所以根据 Lyapunov 稳定性定理，当 35≤a≤175 时，系统（2.2.2）关于原点是全局一致渐进稳定的．

当 a=35 且初值为 (0.1,0.2,0.3) 时，使用数学软件仿真验证，系统（2.2.2）各状态变量随时间的变换曲线如图 2.2.2 所示，说明了系统（2.2.2）关于原点全局一致渐进稳定．

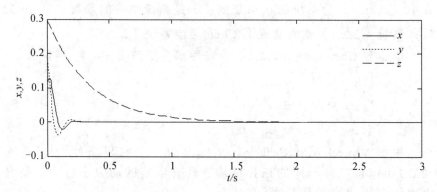

图 2.2.2 系统（2.2.2）各状态变量随时间 t 的变化曲线

由于动力系统的向量场散度为系统 Jacobi 矩阵的迹，所以系统（2.2.2）的向量场散度为

$$\nabla V = \frac{\partial \dot{x}}{\partial x} + \frac{\partial \dot{y}}{\partial y} + \frac{\partial \dot{z}}{\partial z} = -(a+3)$$

所以，当 $a > -3$ 时，系统是耗散的，并且以指数形式 $\dfrac{\mathrm{d}V}{\mathrm{d}t} = \mathrm{e}^{-(a+3)}$ 收敛，即一个初始体积为 V_0 的体积元在时间 t 时体积收敛为 $V_0\mathrm{e}^{-(a+3)t}$．当 $t \to \infty$ 时，包含系统轨线的每个体积元以指数速率 $-(a+3)$ 收敛到零．所以系统的所有轨迹最终会被限制到一个体积为零的子集合上，这就证明了系统（2.2.2）存在混沌吸引子．

3）参数 a 对系统动力学行为的影响

混沌运动的一个显著特点就是运动对初始条件的敏感性，随着时间的推移，相邻轨线之间呈现彼此排斥的趋势，并以指数率相分离，Lyapunov 指数可以定量地描述这一现象. 三维动力系统的运动形式与 Lyapunov 指数之间的关系如表 2.2.1 所示[33].

表 2.2.1　三维系统的动力学行为与 Lyapunov 指数的关系

λ_1	λ_2	λ_3	对应的运动形式
−	−	−	静止状态
0	−	−	周期运动
0	0	−	准周期运动
+	0	−	混沌运动

采用四阶的龙格-库塔算法和 Wolf 方法，使用数学软件绘出系统随参数 a 变化的 Lyapnov 指数谱如图 2.2.3 所示.

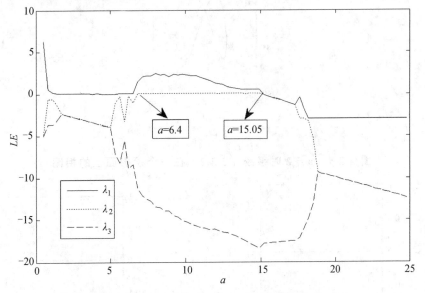

图 2.2.3　随参数 a 变化的 Lyapunov 指数谱

当 $1 \leqslant a \leqslant 6.4$ 时，根据表 2.2.1 可知系统（2.2.2）做周期运动，不妨取 $a = 2$，系统运动（2.2.2）的运动轨线如图 2.2.4 所示.

当 $a \geqslant 15.05$ 时，根据表 2.2.1 可知系统（2.2.2）处于静止状态，

不妨取 $a = 20$，系统运动（2.2.2）的各状态变量随时间的变化曲线如图 2.2.5 所示.

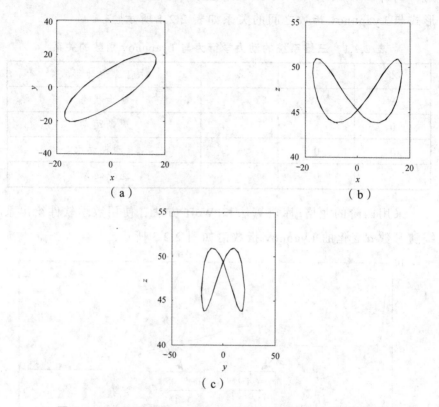

（a）　　　　　　　　　（b）

（c）

图 2.2.4　a = 2 时系统（2.2.2）在各个投影面上的相图

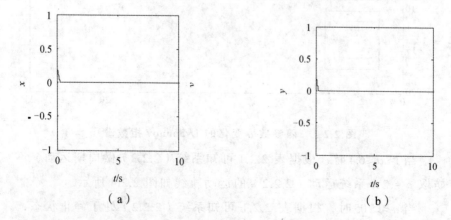

（a）　　　　　　　　　（b）

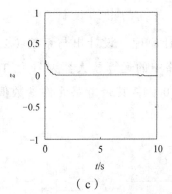

（c）

图 2.2.5 $a = 20$ 时系统（2.2.2）的状态变量随时间的变化曲线

当 $6.4 < a < 15.05$ 时，根据表 2.2.1 可知系统（2.2.2）做混沌运动，当 $a = 8$ 时，λ_1 取得最大值 2.475，系统的混沌行为最为突出，系统运动（2.2.2）的混沌吸引子如图 2.2.6 所示.

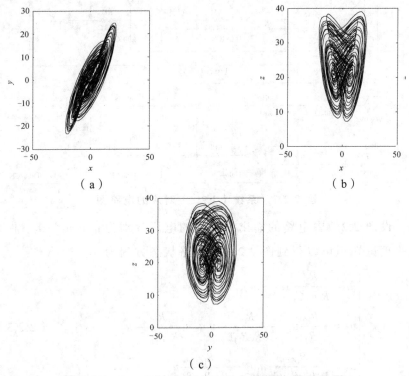

（a）   （b）

（c）

图 2.2.6 $a = 8$ 时系统（2.2.2）的混沌吸引子图

3. 单参数 Chen 系统的电路设计

基于电子电路设计原理，设计出与系统（2.2.2）相对应的电路如图 2.2.7 所示，电路中的运算放大器型号为 TL084CN，乘法器型号为 AD633（增益为 0.1），其余电路元件参数值见图 2.2.7.

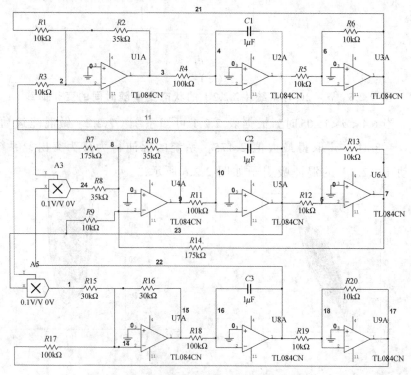

图 2.2.7　系统（2.2.2）对应的电路图

设图 2.2.7 中电路的输出端对地的电压分别为 u_1，u_2，u_3，根据电路理论知识可以得到图 2.2.7 的电路状态方程为

$$\begin{cases} \dot{u}_1 = \dfrac{R_2}{R_1 R_4 C_1}(u_2 - u_1) \\[2mm] \dot{u}_2 = -\dfrac{R_{10}}{R_7}u_1 - \dfrac{R_{10}}{10R_8 R_{11} C_2}u_1 u_3 + \dfrac{R_{10}}{R_9 R_{11} C_2}u_2 \\[2mm] \dot{u}_3 = \dfrac{R_{16}}{10R_{15} R_{18} C_3}u_1 u_2 - \dfrac{R_{16}}{R_{17} R_{18} C_3}u_3 \end{cases} \qquad (2.2.3)$$

　　取电源电压值为 60 V，当 $R_7 = R_{14} = 175\,\text{k}\Omega$ 时，其余电子元件的示数如图 2.2.7 所示，对应系统（2.2.2）中 $a=2$ 的情况，从示波器上显示的周期振荡图如图 2.2.8 所示. 可以看出，图 2.2.8 所示的周期振荡与图 2.2.4 所示的周期振荡完全相同.

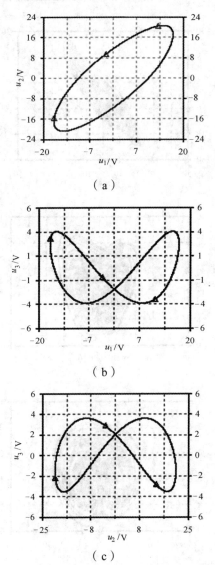

（a）

（b）

（c）

图 2.2.8　当 $R_7 = R_{14} = 175\,\text{k}\Omega$ 时，示波器上的输出相图

取电源电压值为 48 V，在图 2.2.7 中当 $R_7 = R_{14} = 43.75\,\mathrm{k\Omega}$ 时，其余电子元件的示数如图 2.2.7 所示，对应系统（2.2.2）中 $a = 8$ 的情况，从示波器上显示的混沌吸引子如图 2.2.9 所示. 图 2.2.9 所示的混沌吸引子与图 2.2.6 所示的混沌吸引子完全相同.

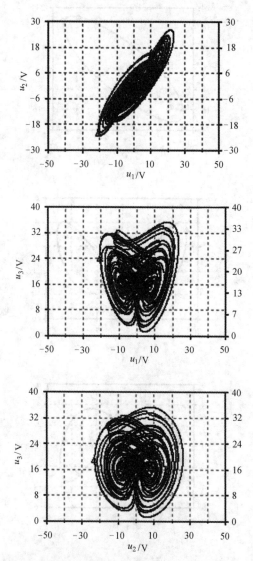

图 2.2.9　当 $R_7 = R_{14} = 43.75\,\mathrm{k\Omega}$ 时，示波器上显示的系统（2.2.3）的相图

4. 结论

研究发现，对 Chen 系统参数空间进行简化，可得到结构形式较为简单的单参数 Chen 系统，并给出系统的一些性质，然后通过改变整个参数空间参数的取值，仿真发现系统具有丰富的动力学行为，最后通过设计系统电路、电路仿真得到系统周期运动和混沌运动的相图，电路仿真的结果与数学软件仿真的结果完全相同，进一步说明了单参数 Chen 系统电路实现的可行性和电路设计的正确性，单参数 Chen 系统将在保密通信等领域具有潜在的应用价值.

2.3　单参数 Chen 系统的 Hopf 分岔及参数辨识

分岔在解决实际问题中也有着很广泛的应用[35]. 文献[36]利用中心流形定理和规范型方法研究了具有时滞的食饵-捕食系统的 Hopf 分岔的稳定性问题. 文献[37]在全参数空间上讨论了一个类 Lorenz 系统的稳定性及分岔问题. 文献[38]通过 Hopf 的曲率系数法判断风电系统 Hopf 岔类型，进而分析了风电系统电压的稳定性. 本节通过计算第一 Lyapunov 系数[39]，判断 Hopf 分岔的稳定性和分岔方向.

另一方面，动力系统未知参数的辨识问题属于典型的"灰箱问题". 目前，许多学者研究系统未知参数的辨识问题[40~42]，但是这些研究方法都是基于混沌同步建立系统未知参数的辨识法则. 然而在实际问题中，实现混沌系统的完全同步并非易事.

关新平等人在文献[43]中提出了另一种参数辨识的方法，其思想是将未知参数看作系统的状态变量，根据状态观测器思想和微分方程稳定性理论，设计未知参数状态观测器，实现系统未知参数的辨识. 王绍明等人在文献[44]中利用关新平等人的方法，构造了 Liu 混沌系统的非线性部分未知参数的状态观测器，并对系统非线性部分的未知参数进行了辨识. 本节利用关新平等人的思想，构造动力系统线性组合部分未知参数的状态观测器.

本节研究单参数 Chen 混沌系统的 Hopf 分岔和参数辨识问题. 分析单参数 Chen 系统 Hopf 分岔的存在性，并给出周期解稳定性和方向的表达式. 提出选择增益函数和构造辅助函数的方法，设计系统未知参数的辨识观测器，实现单参数 Chen 系统的未知参数的辨识.

1. 单参数 Chen 混沌系统

单参数 Chen 系统的动力学方程为

$$\begin{cases} \dot{x} = 35(y-x) \\ \dot{y} = -ax - xz + (35-a)y \\ \dot{z} = xy - 3z \end{cases} \qquad (2.3.1)$$

式中，x，y，z 为状态变量；a 是系统参数. 当 $a=32$ 时，系统（2.3.1）就演变成了 Chen 混沌系统. 当参数 $a=8$ 时，由 Kaplan-Yorke 猜想公式，计算出系统（2.3.1）的维数 $D_{KY} = 2.18$，说明系统（2.3.1）具有分数维. 系统（2.3.1）的 Lyapunov 指数谱图、功率谱图及其时间响应图如图 2.3.1 所示.

图 2.3.1（a）显示三个指数中有一个大于零，说明系统的相邻轨道间按指数分离，系统处于混沌状态. 图 2.3.1（b）中系统的功率谱峰值连成一片，表明系统处于湍流或混沌状态.

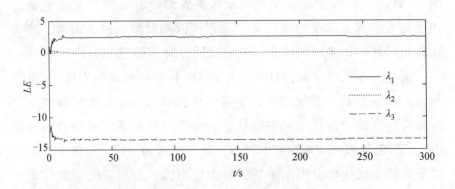

（a）Lyapunov 指数图

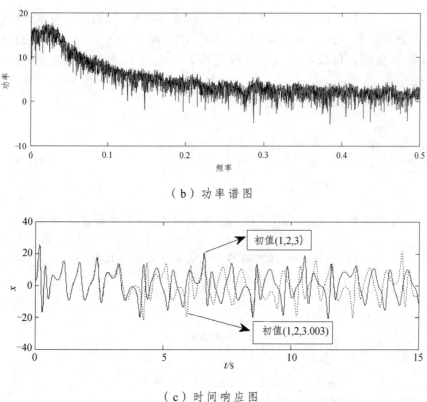

（b）功率谱图

（c）时间响应图

图 2.3.1　单参数 Chen 系统的各种谱图

图 2.3.1（c）反映当初值变化很小时，随时间的推移，解对初值具有高度敏感性. 由此得出：当参数 $a = 8$ 时，系统处于混沌状态，其混沌吸引子如图 2.2.6 所示.

2. Hopf 分岔的存在性

令系统（2.3.1）的右边等于 0，可得

$$\begin{cases} 35(y - x) = 0 \\ -ax - xz + (35 - a)y = 0 \\ xy - 3z = 0 \end{cases} \tag{2.3.2}$$

当 $a \geqslant 17.5$ 时，系统只有零平衡点 $E_0(0,0,0)$；而当 $a < 17.5$ 时，系统

有三个平衡点 $E_0(0,0,0)$，$E_+(\sqrt{105-6a},\sqrt{105-6a},35-2a)$，$E_-(-\sqrt{105-6a}$，$-\sqrt{105-6a},35-2a)$．由于系统（2.3.1）在变换 $S:(x,y,z)\rightarrow(-x,-y,z)$ 下具有不变性，所以系统关于 z 轴对称，平衡点 E_+ 和 E_- 的稳定性是一致的．

系统（2.3.1）的雅可比矩阵为

$$J=\begin{pmatrix} -35 & 35 & 0 \\ -a-z & 35-a & -x \\ y & x & -3 \end{pmatrix} \quad\quad (2.3.3)$$

在零平衡点 $E_0(0,0,0)$ 处雅可比矩阵（2.3.3）的特征方程为

$$p(\lambda)=\lambda^3+(a+3)\lambda^2+(73a-1225)\lambda+35(6a-105)=0 \quad (2.3.4)$$

通过计算，可得特征根为

$$\lambda_1=-3,\quad \lambda_2=\frac{-a+\sqrt{a^2-280a+4\,900}}{2},$$

$$\lambda_3=\frac{-a-\sqrt{a^2-280a+4\,900}}{2}$$

根据特征根，我们得到下列结论

定理 2.3.1 单参数 Chen 混沌系统（2.3.1）的平衡点 $E_0(0,0,0)$ 具有下列性质

（1）当参数 $a<17.5$ 时，λ_1，λ_3 为负数，λ_2 为正数，平衡点 E_0 是不稳定的鞍结点．

（2）当参数 $17.5<a\leqslant18.756\,4$ 或 $a\geqslant261.243\,6$ 时，λ_1，λ_2，λ_3 全为负数，平衡点 E_0 是稳定的结点．

（3）当参数 $18.7564<a<261.2436$ 时，λ_2 和 λ_3 为复特征根，且 λ_1，λ_2，λ_3 全都具有负实部，平衡点 E_0 是稳定的结焦点．

（4）参数 $a=17.5$ 是系统平衡点由 1 个变为 3 个的临界值，所以

当 $a=17.5$ 时，系统在平衡点 E_0 处发生超临界的叉式分岔.

不论参数 a 取何值，在平衡点 E_0 处雅可比矩阵（2.3.3）的特征值不可能出现共轭的纯虚根，因此，单参数 Chen 混沌系统（2.3.1）在平衡点 E_0 附近不发生 Hopf 分岔.

由于平衡点 E_+ 和 E_- 的稳定性是一致的，所以这里只讨论平衡点 E_+ 的稳定性及分岔行为，在平衡点 E_+ 处雅可比矩阵（2.3.5）的特征方程为

$$p(\lambda) = \lambda^3 + (a+3)\lambda^2 + (105-3a)\lambda + 70(105-6a) = 0 \qquad （2.3.5）$$

根据 Routh-Hurwitz 定理，方程（2.3.5）的一切根具有负实部的充要条件是不等式

$$a+3 > 0，\quad 105-6a > 0，\quad (a+3)(105-3a) - 70(105-6a) > 0$$

成立，所以当 $14.9296 < a < 17.5$ 时，平衡点 E_+ 是渐近稳定的. 将此结论作为本文的定理 2.3.2.

定理 2.3.2 若参数 $14.9296 < a < 17.5$，则系统（2.3.1）在平衡点 E_+ 处是渐近稳定的.

定理 2.3.3 若参数 $a=14.9296$，则系统（2.3.1）在平衡点 E_+ 附近发生 Hopf 分岔.

证明 假设特征方程（2.3.5）有一对纯虚根 $\lambda_{1,2} = \pm i\omega$，其中 $\omega > 0$，则有

$$70(105-6a) - (a+3)\omega^2 + i(105-3a)\omega - i\omega^3 = 0 \qquad （2.3.6）$$

根据复数相等可得

$$\begin{cases} 70(105-6a) - (a+3)\omega^2 = 0 \\ (105-3a)\omega - \omega^3 = 0 \end{cases}$$

通过计算可得

$$a = 14.929\,6, \quad \omega = 7.579\,6$$

故当 $a = 14.929\,6$ 时，方程（2.3.5）的三个特征值为

$$\lambda_1 = 7.759\,6i, \quad \lambda_2 = -7.759\,6i \quad \lambda_3 = -17.929\,6$$

因此，当 $a = 14.929\,6$ 时，就满足了 Hopf 分岔定理的第一条件. 对方程（2.3.5）两边关于 a 求导可得

$$\frac{\mathrm{d}\lambda}{\mathrm{d}a} = \frac{420 - \lambda^2 + 3\lambda}{3\lambda^2 + 2(a+3)\lambda + 105 - 3a}$$

从而

$$\frac{\mathrm{d}\mathrm{Re}\lambda}{\mathrm{d}a}\Big|_{\substack{a=14.929\,6 \\ \lambda=7.759\,6i}} = \frac{420 - \lambda^2 + 3\lambda}{3\lambda^2 + 2(a+3)\lambda + 105 - 3a} = -0.558\,6 \neq 0$$

因而 Hopf 分岔定理的第二条件也满足，故当参数 $a = 14.929\,6$ 时，系统（2.3.1）在平衡点 E_+ 附近发生 Hopf 分岔.

3. Hopf 分岔的方向

为了判断 E_+ 附近产生的 Hopf 分岔的稳定性，首先介绍文献[39] 所述的第一 Lyapunov 系数法，然后给出 E_+ 处 Hopf 分岔的稳定性及分岔方向.

考虑下面的动力系统

$$\dot{x} = f(x, \zeta) \tag{2.3.7}$$

式中，向量 $x \in R^3$ 和 $\zeta \in R^3$ 分别是系统的状态变量和参数. 假设系统（2.3.7）在 $\zeta = \zeta_0$ 时有一个平衡点 $x = x_0$，并且变量 $x - x_0$ 仍被记为 x，设 $F(x) = f(x, \zeta_0)$，则 $F(x)$ 的泰勒展开式为

$$F(x) = Ax + \frac{1}{2}B(x,x) + \frac{1}{6}C(x,x,x) + o(\|x\|^4) \tag{2.3.8}$$

式中，$A = f_x(0, \zeta_0)$. 并且对 $i = 1,2,3$ 有

$$B_i(x,y) = \sum_{j,k=1}^{3} \frac{\partial^2 F_i(\zeta)}{\partial \zeta_j \partial \zeta_k}\Big|_{\zeta=0} \, x_j y_k$$

$$C_i(x,y,z) = \sum_{j,k,l=1}^{3} \frac{\partial^3 F_i(\zeta)}{\partial \zeta_j \partial \zeta_k \partial \zeta_l}\Big|_{\zeta=0} \, x_j y_k z_l \tag{2.3.9}$$

假设在平衡点 (x_0, ζ_0) 处系统（2.3.7）的雅可比矩阵有一对纯虚根 $\lambda_{2,3} = \pm i\omega_0$，其中 $\omega_0 > 0$，并且再没有其他零实部的特征根.

设向量 $p, q \in C^3$ 且满足

$$Aq = i\omega_0 q, \quad A^{\mathrm{T}} p = -i\omega_0 p, \quad <p,q> = \sum_{i=1}^{3} \overline{p}_i q_i = 1 \tag{2.3.10}$$

式中，矩阵 A^{T} 为 A 的转置矩阵. 则第一 Lyapunov 系数定义为

$$l_1 = \frac{1}{2}\mathrm{Re}\,G_{21} \tag{2.3.11}$$

其中

$$G_{21} = <p, H_{21}>, \quad H_{21} = C(q,q,\overline{q}) + B(\overline{q}, h_{20}) + 2B(q, h_{11}),$$

$$h_{11} = -A^{-1}B(q,\overline{q}), \quad h_{20} = (2i\omega_0 I_3 - A)^{-1}B(q,q).$$

当第一 Lyapunov 系数 $l_1 < 0$ 时，发生稳定的超临界 Hopf 分岔；当 $l_1 > 0$ 时，发生不稳定的亚临界 Hopf 分岔，当 $l = 0$ 时，发生余维二的 Bautin 分岔.

定理 2.3.4 系统（2.3.1）在平衡点 E_+ 附近发生亚临界 Hopf 分岔.

证明：根据式（2.3.9）可得

$$B(x,x) = [0, -x_1 y_3 - x_3 y_1, x_1 y_2 + x_2 y_1]^{\mathrm{T}},$$

$$C(x,y,z) = [0,0,0]^{\mathrm{T}} \tag{2.3.12}$$

根据式（2.3.10）可计算特征值 $i\omega_0$ 和 $-i\omega_0$ 分别对应的特征向量为

$$q = [0.568\,3 - 0.126\,0i, 0.596\,2, 0.142\,8 - 0.534\,2i]^{\mathrm{T}}$$

$$p = [-0.443\,9 - 0.138\,0i, 0.800\,7i, -0.136\,3 - 0.352\,5i]^{\mathrm{T}} \qquad （2.3.13）$$

从而根据式（2.3.12）和（2.3.13）可得

$$B(q,q) = [0, -0.027\,7 + 0.643\,2i, 0.677\,6 - 0.150\,2i]^{\mathrm{T}}$$

$$B(q,\overline{q}) = [0, -0.296\,9, 0.677\,6]^{\mathrm{T}}$$

从而得到

$$h_{11} = -A^{-1}B(q,\overline{q}) = [-0.115\,1, -0.115\,1, -0.075\,6]^{\mathrm{T}}$$

$$h_{20} = [-0.028\,9 + 0.056\,9i, -0.054\,2 + 0.044\,1i, 0.038\,2 - 0.015\,2i]$$

进一步可得到

$$B(q, h_{11}) = [0, 0.059\,4 - 0.071\,0i, -0.134\,0 + 0.014\,5i]^{\mathrm{T}}$$

$$B(\overline{q}, h_{20}) = [0, 0.010\,9 + 0.011\,1i, -0.053\,6 + 0.052\,2i]^{\mathrm{T}}$$

$$H_{21} = [0, 0.129\,7 + 0.130\,9i, -0.321\,6 - 0.081\,2i]^{\mathrm{T}}$$

对向量 p 和 H_{21} 求内积，可得到

$$G_{21} = <p, H_{21}> = 0.177\,3 + 0.206\,1i$$

则系统（2.3.1）在平衡点 E_+ 处的第一 Lyapunov 系数为

$$l_1 = \frac{1}{2}\mathrm{Re}\,G_{21} = 0.088\,7 > 0$$

所以系统（2.3.1）在平衡点 E_+ 处发生亚临界 Hopf 分岔.

4. 未知参数 a 的辨识

a 是系统唯一参数，因为它是一个常数，所以

$$\dot{a} = 0 \tag{2.3.14}$$

将未知参数 a 看做是系统（2.3.1）的一个状态变量，将式（2.3.14）并入系统（2.3.1）得到一个增广系统

$$\begin{cases} \dot{x} = 35(y - x) \\ \dot{y} = -a(x + y) - xz + 35y \\ \dot{z} = xy - 3z \\ \dot{a} = 0 \end{cases} \tag{2.3.15}$$

从系统（2.3.15）的第二个方程可得到

$$a = \frac{35y - xz - \dot{y}}{x + y} \tag{2.3.16}$$

于是可设计未知参数 a 的状态观测器：

$$\dot{\hat{a}} = -L(x, y, z)(x + y)\hat{a} + L(x, y, z)(35y - xz - \dot{y}) \tag{2.3.17}$$

式中，$\hat{a}$ 为 a 的观测值，$L(x, y, z)$ 是一个需要构造的增益函数.

设误差 $e(t) = \hat{a} - a$，并根据式（2.3.16）和（2.3.17）可得误差系统为

$$\dot{e}(t) = \dot{\hat{a}} - \dot{a} = -L(x, y, z)(x + y)\hat{a} + L(x, y, z)(35y - xz - \dot{y})$$

$$= -L(x, y, z)(x + y)\hat{a} + L(x, y, z)(x + y)\frac{(35y - xz - \dot{y})}{x + y}$$

$$= -L(x, y, z)(x + y)e(t) \tag{2.3.18}$$

只要选取合适的增益函数 $L(x, y, z)$ 使误差系统（2.3.18）渐近稳定，就有 $\hat{a} \to a$，系统（2.3.1）的未知参数 a 就能被辨识出来. 在实际情况下，$\dot{y}$ 是不能观测到的，故需要消去 $\dot{y}$.

为了消去式（2.3.17）中 $\dot{y}$，引入一个辅助变量为

$$\theta = \hat{a} + \phi(x, y, z) \tag{2.3.19}$$

式中，$\phi(x, y, z)$ 是一个需要设计的辅助函数，其满足

$$\frac{\partial \phi(x, y, z)}{\partial y} = L(x, y, z) \quad (2.3.20)$$

根据式（2.3.17）、（2.3.19）和（2.3.20）可得

$$\dot{\theta} = -L(x, y, z)(x + y)\hat{a} + L(x, y, z)(35y - xz - \dot{y})$$

$$+ \dot{x}\frac{\partial \phi}{\partial x} + \dot{y}\frac{\partial \phi}{\partial y} + \dot{z}\frac{\partial \phi}{\partial z}$$

$$= -L(x, y, z)(x + y)\theta + L(x, y, z)[35y - xz + (x + y)\phi]$$

$$+ \dot{x}\frac{\partial \phi}{\partial x} + \dot{z}\frac{\partial \phi}{\partial z} \quad (2.3.21)$$

根据式（2.3.15）中 $\dot{x} = 35(y - x)$，$\dot{z} = xy - 3z$，故（2.3.21）式可表示为

$$\dot{\theta} = -L(x, y, z)(x + y)\theta + L(x, y, z)[35y - xz + (x + y)\phi] +$$

$$(35y - 35x)\frac{\partial \phi}{\partial x} + (xy - 3z)\frac{\partial \phi}{\partial z} \quad (2.3.22)$$

首先选取恰当的增益函数 $L(x, y, z)$，然后根据式（2.3.20）构造辅助函数 $\phi(x, y, z)$，则由式（2.3.22）所构成的观测器能将系统（2.3.1）的未知参数 a 辨识出来.

定理 2.3.5 如果选择 $L(x, y, z) = k(x + y)^{2n-1}$，$(k > 0, n \in N_+)$，那么误差系统（2.3.18）的零解是渐进稳定的.

证明：因为 $L(x, y, z) = k(x + y)^{2n-1}$，根据式（2.3.18）可得误差系统为

$$\dot{e}(t) = -k(x + y)^{2n} e(t)$$

构造 Lyapunov 函数为 $V(t) = \frac{1}{2} e^2(t)$，显然 $V(t) \geq 0$.

$$\dot{V}(t) = e(t)\dot{e}(t) = -k(x + y)^{2n} e^2(t) \leq 0$$

根据 lyapunov 稳定性定理，误差系统（2.3.18）的零解是渐进稳定的.

根据定理 2.3.5，选取 $L(x, y, z) = k(x + y)$，并根据式（2.3.20）可

得 $\phi(x,y,z)=k(xy+\dfrac{1}{2}y^2)$ ，于是根据上面的推导，可得到系统（2.3.1）的未知参数 a 的观测器.

定理 2.3.6 系统（2.3.1）的未知参数 a 通过观测器

$$\begin{cases} \dot{\theta}=-k(x+y)^2\theta+k(x+y) \\ \qquad [35y-xz+k(x+y)(xy+0.5y^2)]+k(35y-35x)y \qquad （2.3.23） \\ \hat{a}=\theta-k(xy+0.5y^2) \end{cases}$$

能够准确地辨识. 式中，x,y,z 为系统（2.3.1）的状态变量；$k(>0)$ 是增益常数；θ 为辅助变量；$\hat{a}$ 为参数 a 的估计量.

5. 数值仿真

使用数学软件的 ODE45 方法，仿真系统（2.3.1）的平衡点的稳定性、Hopf 分岔产生的极限环及其稳定性、未知参数辨识，从而验证理论分析的正确性.

1）平衡点的稳定性

由定理 2.3.1 可知，当参数 $a<17.5$ 时，平衡点 $E_0=(0,0,0)$ 是不稳定的鞍结点. 不妨取参数 $a=16$，此时平衡点 $E_+=(3,3,3)$，但是，由定理 2.3.2 可知 $a=16$ 时，平衡点 $E_{\pm}$ 是渐进稳定的. 取初值为 $[0.01,0.01,0.01]$，得到如图 2.3.2 所示的相图和如图 2.3.3 所示的时间序列图.

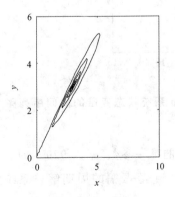
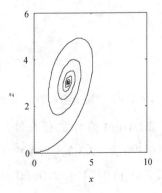

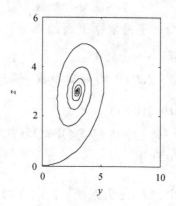

图 2.3.2 当 a=16 时，单参数 Chen 系统的相图

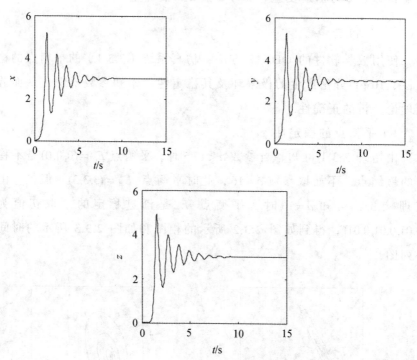

图 2.3.3 当 a=16 时，单参数 Chen 系统状态变量的时间序列图

2）Hopf 的分岔存在性

根据定理 2.3.3，当系统（2.3.1）的唯一参数 a=14.929 6 时，其平衡点 E_+ = (3.927 1, 3.927 1, 5.140 8) 附近产生等振幅的周期解，系统发生

Hopf 分岔. 选取参数 a=14.929 6, 初值为 $[x(0), y(0), z(0)] = [4.99, 5, 5.54]$,
系统（2.3.1）的相图和时间序列分别如图 2.3.4 和 2.3.5 所示, 仿真结果
进一步说明了定理 2.3.3 的正确性.

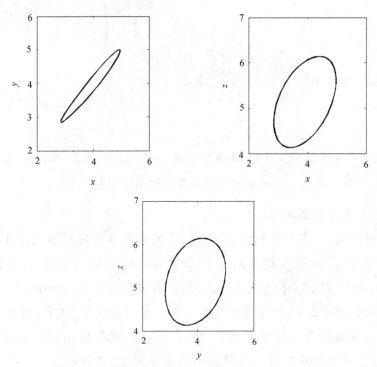

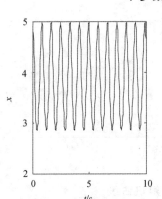

图 2.3.4　参数 a=14.929 6, 初值为 $[x(0), y(0), z(0)] = [4.99, 5, 5.54]$ 时,
单参数 Chen 系统的相图

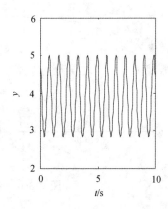

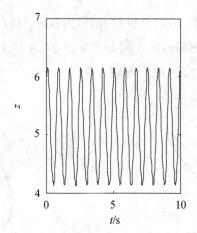

图 2.3.5　参数 a=14.929 6，初值为 $[x(0), y(0), z(0)] = [4.99, 5, 5.54]$ 时，单参数 Chen 系统状态变量的时间序列图

3）未知参数辨识

根据式（2.3.23）对系统（2.3.1）的未知参数进行辨识，对于任何初始值，观测器都能对未知参数 a 准确辨识，不妨取初值为 $[x(0), y(0), \ z(0), \theta(0)] = [0.1, 0.3, 0.2, 0.5]$，取增益系数 $k = 0.001$.

取系统（2.3.1）的固有参数 a=8，此时系统（2.3.1）处于混沌状态，未知参数仿真结果如图 2.3.6 所示. 取参数 a=2，此时系统（2.3.1）处于静止状态，参数辨识结果如图 2.3.7 所示.

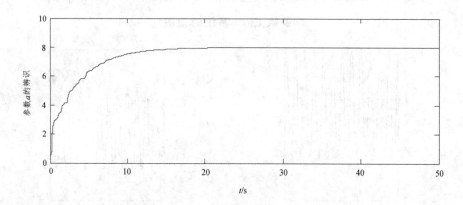

图 2.3.6　参数 a=8 的辨识曲线

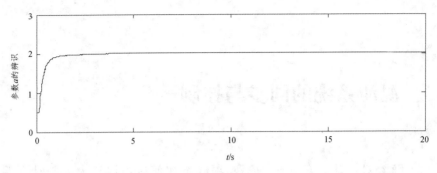

图 2.3.7　参数 $a=2$ 的辨识曲线

6. 结论

本节分析了单参数 Chen 系统平衡点的稳定性及 Hopf 分岔的存在性，并通过中心流形定理和范式理论，给出了 Hopf 分岔周期解稳定性及其分岔方向表达式，判断出系统在正平衡点附近发生的是亚临界的 Hopf 分岔.

通过状态观测器思想对系统唯一的参数进行了辨识，将系统的未知参数看成其状态变量，根据微分方程稳定性理论，设计系统线性组合部分未知参数的状态观测器（目前，对系统线性组合部分未知参数的状态观测器还没有学者设计过）. 与基于混沌系统同步实现未知参数辨识相比较，状态观测器方法对参数的辨识更加准确.

3 混沌系统的同步与控制

随着对混沌现象认识的不断深入，如何应用混沌为人类社会服务便成为非线性科学研究的一个重要课题. 由于混沌系统的极其复杂性，长期以来，人们认为混沌系统是不可预测和控制的，然而混沌控制成为混沌应用的关键环节.

1990 年，自从 Pecora 和 Carroll 通过混沌控制提出了两个混沌系统的同步概念以来，许多混沌同步方式（如完全同步、广义同步、投影同步）先后被学者提出. 混沌同步是实现混沌遮掩保密通信的前提，同步方式越复杂，保密通信就越安全.

为此，本章介绍 5 节内容，分别为类 Lorenz 系统的反同步及其在保密通信中的应用、异结构混沌系统的自适应函数投影同步及参数辨识、不同维混沌系统的修正函数投影同步及参数辨识、混沌系统的分段函数投影同步及参数辨识、激活控制不同维混沌系统的修正函数投影同步.

3.1 类 Lorenz 系统的反同步及其在保密通信中的应用

1963 年以来，混沌逐渐成为物理学、化学、生物学和经济学等学科中研究的热点问题[45~47]. 最近文献[29]中研究了一个类 Lorenz 混沌系统的分岔问题，2.1 节已经在类 Lorenz 系统中考虑了时滞现象，并分析了时滞类 Lorenz 系统的 Hopf 分岔，还有必要研究类 Lorenz 系统的同步控制问题.

混沌同步问题得到了许多学者的研究，各种不同的混沌同步方法和控制方法相继被提出，如反馈控制、自适应控制、完全同步、反同步、投影同步等[48~50].由于混沌信号具有非周期性连续带宽频谱及对初值极端敏感等特点，使它具有不可预测性，所以利用混沌遮掩保密通信能够使得通信信息更加安全.下面研究类 Lorenz 系统的反同步及其在保密通信中的应用问题.

1. 类 Lorenz 系统的反同步

类 Lorenz 混沌系统的动力学方程为

$$\begin{cases} \dot{x}_1 = -a(x_1 - x_2) \\ \dot{x}_2 = bx_1 - kx_1x_3 \\ \dot{x}_3 = -cx_3 + hx_1^2 \end{cases} \quad (3.1.1)$$

式中，a，b，c 为系统参数.当 $a = 10, b = 40, c = 2.5, k = 1, h = 4$ 时，系统在不同平面内的吸引子如图 3.1.1 所示.

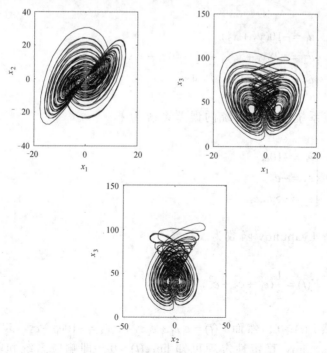

图 3.1.1　类 Lorenz 混沌系统的吸引子

以类 Lorenz 系统为驱动系统，取响应系统为 Lorenz 混沌系统，带有控制器的 Lorenz 系统的方程为

$$\begin{cases} \dot{y}_1 = 10(y_2 - y_1) + u_1 \\ \dot{y}_2 = 28y_1 - y_1 y_3 - y_2 + u_2 \\ \dot{y}_3 = y_1 y_2 - 8/3 y_3 + u_3 \end{cases} \qquad (3.1.2)$$

式中，$u = [u_1, u_2, u_3]^{\mathrm{T}}$ 为控制器.

令驱动系统和响应系统的误差为

$$e = [e_1, e_2, e_3]^{\mathrm{T}} = [y_1 + x_1, y_2 + x_2, y_3 + x_3]^{\mathrm{T}} \qquad (3.1.3)$$

如果 $\lim\limits_{t \to \infty} e(t) = 0$，那么说明在控制器 u 的作用下，响应系统和驱动系统实现反同步.

取非线性自适应控制器为

$$\begin{cases} u_1 = -10(y_2 + x_2) \\ u_2 = -28y_1 + y_1 y_3 - x_2 - 40x_1 + x_1 x_3 \\ u_3 = -y_1 y_2 + 1/6 y_3 - 4x_1^2 \end{cases} \qquad (3.1.4)$$

响应系统和驱动系统的误差系统为

$$\begin{cases} \dot{e}_1 = -10e_1 \\ \dot{e}_2 = -e_2 \\ \dot{e}_3 = -5/2 e_3 \end{cases} \qquad (3.1.5)$$

构造 Lyapunov 函数为

$$V(t) = \frac{1}{2}(e_1^2 + e_2^2 + e_3^2) \qquad (3.1.6)$$

显然 $V(t) \geqslant 0$，然而 $\dot{V}(t) = e_1 \dot{e}_1 + e_2 \dot{e}_2 + e_3 \dot{e}_3 = -10e_1^2 - e_2^2 - 5/2 e_3^2 \leqslant 0$，根据 Lyapunov 稳定性定理可知 $\lim\limits_{t \to \infty} e(t) = 0$，即响应系统和驱动系统

实现反同步.

驱动系统和响应系统的误差轨线如图 3.1.2 所示,可以看出同步误差 e_i $(i=1,2,3)$ 很快地趋向 0,说明选取的自适应控制器(3.1.4)能够牵制实现驱动系统和响应系统的反同步.

驱动系统和响应系统实现反同步时,在各个平面内的相图如图 3.1.3 所示,其中实线表示驱动系统(3.1.1),虚线表示带有自适应非线性控制器(3.1.4)的响应系统(3.1.2).

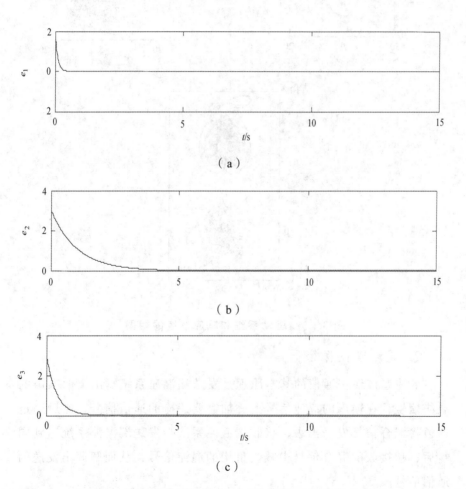

（a）

（b）

（c）

图 3.1.2 驱动系统和响应系统的反同步误差轨线

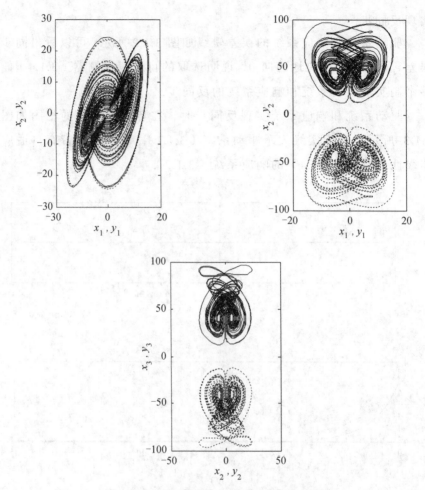

图 3.1.3 驱动系统和响应系统的相图

2. 混沌遮掩保密通信

混沌遮掩保密通信的基本原理是发送端混沌系统输出类似噪声的混沌信号，在输出的混沌信号上叠加需要遮掩的通信信号，然后通过信道将混合信号发送出去，接收端混沌系统与发送端混沌系统达到同步后，从接收的混合信号中减去重构的混沌信号，从而解调出发送的通信信号.

设传送的通信信号为 $i(t) = (\sin t + 1)^3$，发射端系统为驱动系统

（3.1.1），接收端系统为响应系统（3.1.2）. 未叠加通信信号的 x_1 的时间序列如图 3.1.4（a）所示，叠加通信信号 $i(t)=(\sin t+1)^3$ 的传输信号的时间序列如图 3.1.4（b）所示，通信信号 $i(t)=(\sin t+1)^3$ 如图 3.1.4（c）所示，解调出来的有用信号 $i_1(t)$ 如图 3.1.4（d）所示，$i(t)$ 和 $i_1(t)$ 的误差 $\eta(t)=i_1(t)-i(t)$ 如图 3.1.4（e）所示.

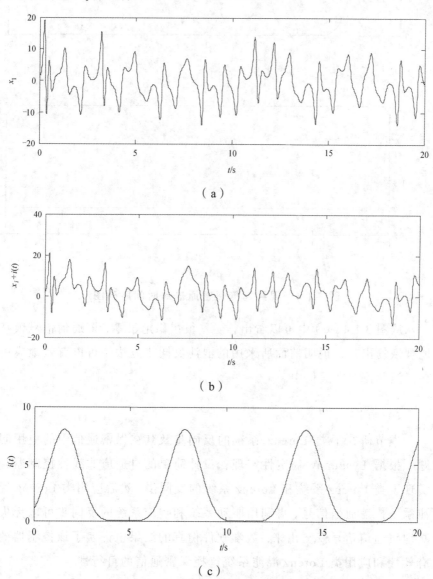

（a）

（b）

（c）

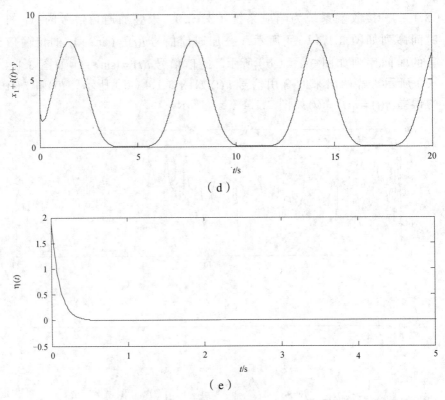

（d）

（e）

图 3.1.4　混纯遮掩保密通信的时间序列图

从图 3.1.4（e）中可以看出，误差很快稳定于零，即通信信号很好地被恢复出来，说明前面所采用的混沌反同步方法，可以有效地应用在混沌遮掩保密通信中.

3. 结 论

本节研究了类 Lorenz 系统的反同步及其在保密通信中的应用问题. 根据 Lyapunov 稳定性定理，设计简单的自适应非线性控制器，实现了类 Lorenz 系统和 Lorenz 系统的反同步. 然后应用类 Lorenz 混沌系统掩盖通信信号，再利用驱动系统和响应系统的反同步可以无失真地将通信信号恢复出来. 数学软件仿真的结果也证实了该控制器的有效性和应用类 Lorenz 混沌系统遮掩保密通信的可行性.

3.2 异结构混沌系统的自适应函数投影同步及参数辨识

近年来混沌控制及同步成为科学界的热点问题[51~53]. 国内外许多学者相继提出了许多混沌同步（如完全同步[54]、广义同步[55]、投影同步[56]等）的概念. 混沌系统的投影同步由于其比例特性使得保密通信更加安全，所以混沌投影同步得到了广泛的研究[57, 58].

混合投影同步是指存在一个常数对角矩阵 α，对任意的初值条件，都有 $\lim\limits_{t\to\infty}\|Y(t)-\alpha X(t)\|=0$，其中 $X(t)$、$Y(t)$ 分别为驱动系统和响应系统. Chu 等人是利用常数对角矩阵 α 实现了同结构混沌系统的混合投影同步[59].

如果把常数对角矩阵 α 换成函数对角矩阵 $\alpha(t)$，由于函数比例因子比常数比例因子更难预测，所以函数投影同步能够使得保密通信更加安全. 同时，在现实的复杂系统中，大多数的混沌系统是异结构，因此解决异结构混沌系统之间的函数投影同步显得更加重要.

许多混沌同步的研究都是以已知参数的混沌系统为研究对象. 然而，在现实世界中，许多复杂系统的参数是无法得到的，因此，研究异结构混沌系统的自适应函数投影同步及参数辨识问题显得尤为重要.

1. 异结构混沌系统

一个 n 维的混沌系统

$$\dot{x}(t)=f(x)+F(x)\mu \qquad\qquad (3.2.1)$$

式中，$x=[x_1,x_2,\cdots,x_n]^{\mathrm{T}}\in R^n$ 是系统的状态向量；$f:R^n\to R^n$ 是连续的非线性向量函数，$F:R^n\to R^{n\times k}$ 是连续的线性矩阵函数；μ 是驱动系统的未知参数向量. 以系统（3.2.1）为驱动系统，与系统（3.2.1）异结构的受控系统为

$$\dot{y}(t)=g(y)+G(y)\theta+u(x,y) \qquad\qquad (3.2.2)$$

系统（3.2.2）为响应系统，式中，$y=[y_1,y_2,\cdots,y_m]^{\mathrm{T}}\in R^m$ 是响应系统的

状态向量；$g:R^m \to R^m$ 是连续的非线性向量函数；$G:R^m \to R^{m\times l}$ 是连续的线性矩阵函数；θ 是响应系统的未知参数向量；$u(x,y)$ 是驱动系统和响应系统实现函数投影同步的控制器.

当 $n=m$，$k=l$，$f=g$，$F=G$ 时，驱动系统和响应系统是同结构的系统；当 $m=n$，$f \neq g$，$F \neq G$ 时，系统（3.2.1）和系统（3.2.2）是异结构的系统.

2. 自适应函数投影同步

驱动系统和响应系统函数投影同步的定义如下：

定义 3.2.1 若存在函数对角矩阵 $\boldsymbol{\alpha}(t)=\mathrm{diag}(\alpha(t),\alpha(t),\cdots\alpha(t))$ $\in R^{n\times n}$，使得

$$\lim_{t\to\infty}\|y(t)-\boldsymbol{\alpha}(t)x(t)\|=0 \tag{3.2.3}$$

则称驱动系统（3.2.1）和响应系统（3.2.2）实现函数投影同步.

当对角矩阵 $\boldsymbol{\alpha}(t)$ 分别为单位常数矩阵 $\boldsymbol{I}$ 和 $-\boldsymbol{I}$ 时，称驱动系统（3.2.1）和响应系统（3.2.2）分别实现完全同步和反同步；当矩阵 $\boldsymbol{\alpha}(t)$ 为常数对角矩阵时，称驱动系统（3.2.1）和响应系统（3.2.2）实现投影同步；当矩阵 $\boldsymbol{\alpha}(t)$ 为函数对角矩阵时，称驱动系统（3.2.1）和响应系统（3.2.2）实现函数投影同步. 可见上述这些同步方式都是函数投影同步的特殊情况.

根据驱动系统（3.2.1）和响应系统（3.2.2）之间的函数投影同步的定义 3.2.1，定义函数投影同步误差为

$$e(t)=y(t)-\boldsymbol{\alpha}(t)x(t) \tag{3.2.4}$$

当 $t\to\infty$ 时，都有 $e(t)\to 0$，那么驱动系统（3.2.1）和响应系统（3.2.2）实现函数投影同步. 因此，驱动系统（3.2.1）和响应系统（3.2.2）的函数投影同步问题转化为实现 $e(t)$ 零解的渐近稳定性问题.

根据驱动系统（3.2.1）和响应系统（3.2.2）之间的同步误差（3.2.4），可得到误差系统为

$$
\begin{aligned}
\dot{e}(t) = {}& g(y) + G(y)\theta + u(x,y) - \dot{\alpha}(t)x(t) \\
& - \alpha(t)f(x) - \alpha(t)F(x)\mu
\end{aligned}
\tag{3.2.5}
$$

为了实现驱动系统（3.2.1）和响应系统（3.2.2）的函数投影同步，构造自适应控制器 $u(x,y)$ 为

$$
\begin{aligned}
u(x,y) = {}& -g(y) + \dot{\alpha}(t)x(t) + \alpha(t)f(x) \\
& - G(y)\tilde{\theta} + \alpha(t)F(x)\tilde{\mu} - e
\end{aligned}
\tag{3.2.6}
$$

式中，$\tilde{\theta}$ 和 $\tilde{\mu}$ 分别为未知参数 θ 和 η 的估计值. 将式（3.2.6）代入（3.2.5），同步误差系统（3.2.5）可化为

$$
\dot{e}(t) = G(y)(\theta - \tilde{\theta}) - \alpha(t)F(x)(\mu - \tilde{\mu}) - e
\tag{3.2.7}
$$

为了证明对任意的初值条件，同步误差系统中 $e(t)$ 的零解是全局渐近稳定的，构造 Lyapunov 函数为

$$
V = \frac{1}{2}(e^{\mathrm{T}}e + \hat{\theta}^{\mathrm{T}}\hat{\theta} + \hat{\mu}^{\mathrm{T}}\hat{\mu})
\tag{3.2.8}
$$

不难看出 $V \geqslant 0$，式中，$\hat{\theta} = \theta - \tilde{\theta}$，$\hat{\mu} = \mu - \tilde{\mu}$.

构造估计系统未知参数 θ 和 μ 的修正辨识法则为

$$
\begin{cases}
\dot{\tilde{\mu}} = -F^{\mathrm{T}}(x)\alpha(t)e \\
\dot{\tilde{\theta}} = G^{\mathrm{T}}(y)e
\end{cases}
\tag{3.2.9}
$$

式中，$e^{\mathrm{T}} = (e_1, e_2, \cdots, e_n)$；$\alpha(t) = \mathrm{diag}[\alpha(t), \alpha(t), \cdots \alpha(t)] \in \boldsymbol{R}^{n \times n}$. 因为 θ 和 μ 分别为响应系统和驱动系统的参数向量，所以 $\dot{\hat{\mu}} = -\dot{\tilde{\mu}}$ 且 $\dot{\hat{\theta}} = -\dot{\tilde{\theta}}$.

根据（3.2.8）和（3.2.9），则 V 对时间 t 的导数为

$$
\begin{aligned}
\dot{V} &= e^{\mathrm{T}}\dot{e} + \dot{\hat{\theta}}^{\mathrm{T}}\hat{\theta} + \dot{\hat{\mu}}^{\mathrm{T}}\hat{\mu} \\
&= e^{\mathrm{T}}G(y)\hat{\theta} - e^{\mathrm{T}}\alpha(t)F(x)\hat{\mu} - e^{\mathrm{T}}e - e^{\mathrm{T}}G(y)\hat{\theta} + e^{\mathrm{T}}\alpha(t)F(x)\hat{\mu} \\
&= -e^{\mathrm{T}}e \leqslant 0
\end{aligned}
\tag{3.2.10}
$$

根据 Lyapunov 稳定性定理，可知同步误差 $e(t)$ 的零解是全局渐近稳定的，驱动系统（3.2.1）和响应系统（3.2.2）能够实现函数投影同步．

3. 数值仿真

选取 Lorenz 系统[34]和 Lü 系统[34]分别作为驱动系统和响应系统，验证所设计的自适应控制器的有效性和系统未知参数辨识法则的正确性，其中 Lorenz 系统描述为

$$\begin{cases} \dot{x}_1 = a(x_2 - x_1) \\ \dot{x}_2 = bx_1 - x_1x_3 - x_2 \\ \dot{x}_3 = x_1x_2 - cx_3 \end{cases} \tag{3.2.11}$$

当系统参数 $a=10$，$b=28$，$c=8/3$ 时，Lorenz 系统具有如图 1.3.10 所示的混沌吸引子．Lü 系统描述为

$$\begin{cases} \dot{y}_1 = a_1(y_2 - y_1) \\ \dot{y}_2 = -y_1y_3 + b_1y_2 \\ \dot{y}_3 = y_1y_2 - c_1y_3 \end{cases} \tag{3.2.12}$$

当系统参数 $a_1=10$，$b_1=20$，$c_1=3$ 时，Lü 系统具有如图 3.2.1 所示的混沌吸引子．

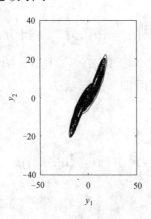
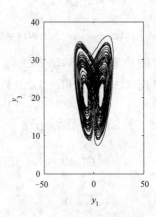

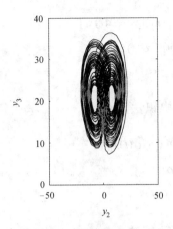

图 3.2.1 Lü 系统的混沌吸引子

根据式（3.2.1），把驱动系统（Lorenz 系统）可写成如下形式：

$$\begin{pmatrix} \dot{x}_1 \\ \dot{x}_2 \\ \dot{x}_3 \end{pmatrix} = \begin{pmatrix} 0 \\ -x_1 x_3 - x_2 \\ x_1 x_2 \end{pmatrix} + \begin{pmatrix} x_2 - x_1 & 0 & 0 \\ 0 & x_1 & 0 \\ 0 & 0 & -x_3 \end{pmatrix} \begin{pmatrix} a \\ b \\ c \end{pmatrix} \qquad （3.2.13）$$

根据式（3.2.2），受控制的响应系统（Lü 混沌系统）可写成如下形式：

$$\begin{pmatrix} \dot{y}_1 \\ \dot{y}_2 \\ \dot{y}_3 \end{pmatrix} = \begin{pmatrix} 0 \\ -y_1 y_3 \\ y_1 y_2 \end{pmatrix} + \begin{pmatrix} y_2 - y_1 & 0 & 0 \\ 0 & y_2 & 0 \\ 0 & 0 & -y_3 \end{pmatrix} \begin{pmatrix} a_1 \\ b_1 \\ c_1 \end{pmatrix} + \begin{pmatrix} u_1 \\ u_2 \\ u_3 \end{pmatrix} \qquad （3.2.14）$$

根据式（3.2.6），设计自适应控制器为

$$\begin{cases} u_1 = \dot{\alpha}(t)x_1 + \alpha(t)0 - (y_2 - y_1)\tilde{a}_1 + \alpha(t)(x_2 - x_1)\tilde{a} - [y_1 - \alpha(t)x_1] \\ u_2 = y_1 y_3 + \dot{\alpha}(t)x_2 - \alpha(t)(x_1 x_3 + x_2) - y_2 \tilde{b}_1 + \alpha(t)x_1 \tilde{b} - [y_2 - \alpha(t)x_2] \\ u_3 = -y_1 y_2 + \dot{\alpha}(t)x_3 + \alpha(t)x_1 x_2 + y_3 \tilde{c}_1 - \alpha(t)x_3 \tilde{c} - [y_3 - \alpha(t)x_3] \end{cases}$$

$$（3.2.15）$$

根据式（3.2.9），驱动系统参数的辨识法则为

$$\begin{cases} \dot{a} = -\alpha(t)(x_2 - x_1)[y_1 - \alpha(t)x_1] \\ \dot{b} = -\alpha(t)x_1[y_2 - \alpha(t)x_2] \\ \dot{c} = \alpha(t)x_3[y_3 - \alpha(t)x_3] \end{cases} \quad (3.2.16)$$

响应系统参数的辨识法则为

$$\begin{cases} \dot{a}_1 = (y_2 - y_1)[y_1 - \alpha(t)x_1] \\ \dot{b}_1 = y_2[y_2 - \alpha(t)x_2] \\ \dot{c}_1 = -y_3[y_3 - \alpha(t)x_3] \end{cases} \quad (3.2.17)$$

不妨选取比例函数矩阵 $\boldsymbol{\alpha}(t) = \boldsymbol{I}(1 + \sin t)$，其中 $\boldsymbol{I}$ 为三阶单位矩阵. 驱动系统（Lorenz 系统）和响应系统（Lü 混沌系统）之间的函数投影同步误差 $e_i(t) = y_i(t) - (1 + \sin t)x_i(t)$ $(i = 1, 2, 3)$ 随时间的变化曲线如图 3.2.2 所示.

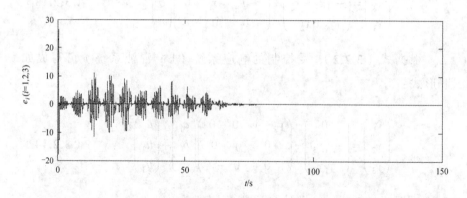

图 3.2.2　函数投影同步误差随时间的变化曲线

由图 3.2.2 可知，同步误差 e_i $(i = 1, 2, 3)$ 都渐进地趋向 0，说明运用自适应控制器（3.2.15）、Lorenz 系统和受牵制的 Lü 系统实现了函数投影同步.

根据驱动系统参数的辨识法则（3.2.16）和响应系统参数的辨识法则（3.2.17），得如图 3.2.3 所示的系统参数辨识曲线图.

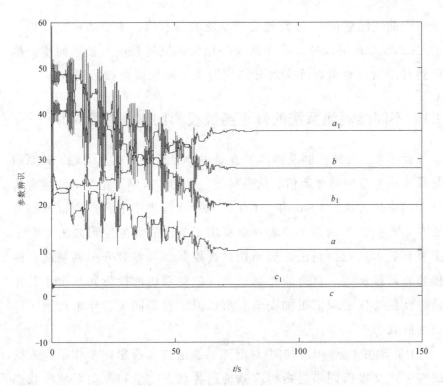

图 3.2.3 Lorenz 系统和 Lü 系统未知参数 a, b, c , a_1, b_1, c_1 的辨识曲线

由图 3.2.3 可知，未知参数 a, b, c , a_1, b_1, c_1 的辨识曲线随时间逐渐趋于稳定，并且未知参数 a, b, c , a_1, b_1, c_1 的辨识曲线分别准确地趋向了 Lorenz 系统和 Lü 系统参数的固有值 $a = 10$ ， $b = 28$ ， $c = 8/3$ ， $a_1 = 36$ ， $b_1 = 20$ ， $c_1 = 3$ ，进一步说明了未知参数辨识法则的正确性.

4. 结论

本节基于 Lyapunov 稳定性定理，设计自适应控制器，实现了异结构混沌系统之间的函数投影同步，同时构造了混沌系统未知参数的辨识法则. 以著名的 Lorenz 系统和 Lü 系统分别为驱动系统和响应系统进行仿真，仿真的结果是同步误差渐进趋向于零，进一步表明所设计的自适应控制器的有效性. Lorenz 系统和 Lü 系统的未知参

数辨识曲线随时间 t 逐渐稳定于系统的固有值. 本节的研究结果是把 Chu 等人利用常数对角矩阵实现相同维混沌系统的投影同步,推广到利用函数对角矩阵实现异结构混沌系统的函数投影同步.

3.3 不同维混沌系统的修正函数投影同步及参数辨识

近年来,混沌控制及同步一直是科学界研究的热点问题,其原因是混沌同步与控制在通信、信息科学、生物、医学、化学等领域有着巨大的应用价值. 1990 年,Ott.E 等首次提出了一种控制混沌的方法[61]. 此后,国内诸多学者相继提出了其他的混沌控制方法[62~65],主要有延迟反馈控制法、弱周期微扰控制法、参数开关调制法、凹槽滤波器控制法、自适应控制法等. 混沌系统的投影同步由于其比例特性使得保密通信更加安全,所以混沌投影同步近年来得到了广泛的研究[66~68].

Hu 等在文献[69,70]中对混沌系统的广义投影同步作了深入的研究,广义投影同步是指响应系统的各状态变量和驱动系统的状态变量之间分别以不同的常数比例实现同步. 函数投影同步是指驱动系统和响应系统的状态变量依函数比例实现同步,相对于常数比例因子,函数投影同步的同步方式更加复杂,应用前景更加广泛.

在现实世界中,大多数复杂系统的一些参数都是无法得到的,因此,研究未知参数混沌系统之间的同步更具有实际应用价值. Chu 等在文献[71,72]中研究了相同维数的混沌、超混沌系统改进的完全状态混合投影同步和参数辨识. 本节主要研究不同维数的混沌系统的修正函数投影同步,构造自适应控制器,使得驱动系统和响应系统实现修正函数投影同步,并构造系统未知参数的辨识法则,实现系统未知参数的准确辨识.

1. 模型的描述

考虑两个有限维动力系统

$$\dot{x}(t) = f(x) + F(x)\eta \qquad\qquad (3.3.1)$$

式中，$x = (x_1, x_2, \cdots, x_n)^{\mathrm{T}} \in R^n$ 是驱动系统（3.3.1）的状态向量；$f : R^n \to R^n$ 是连续的非线性向量函数；$F : R^n \to R^{n \times k}$ 是连续线性矩阵函数；η 是系统的 k 维参数向量.

$$\dot{y}(t) = g(y) + G(y)\theta + u(x, y) \qquad\qquad (3.3.2)$$

式中，$y = (y_1, y_2, \cdots, y_m)^{\mathrm{T}} \in R^m$ 是响应系统（3.3.2）的状态向量；$g : R^m \to R^m$ 是连续的非线性向量函数；$G : R^m \to R^{m \times l}$ 是连续线性矩阵函数；θ 是响应系统的 l 维参数向量；$u(x, y)$ 是实现驱动系统和响应系统同步的控制器.

本节研究不同维混沌系统的同步问题，不妨设 $m < n$，因为 $m < n$，所以实现驱动系统和响应系统的同步，就要实现驱动系统和响应系统的降阶同步，所以先将驱动系统（3.3.1）分成两部分.

$$\dot{x}_r(t) = f_r(x) + F_r(x)\eta \qquad\qquad (3.3.3)$$

$$\dot{x}_s(t) = f_s(x) + F_s(x)\eta \qquad\qquad (3.3.4)$$

式中，$x_r \in R^m$；$f_r : R^m \to R^m$；$F_r : R^m \to R^{m \times l}$.

2. 修正函数投影同步

定义 3.3.1 若存在对角函数矩阵 $\boldsymbol{\alpha}(t) = \mathrm{diag}[\alpha_1(t), \alpha_2(t), \cdots \alpha_m(t)] \in R^{m \times m}$，使得

$$\lim_{t \to \infty} \| y(t) - \boldsymbol{\alpha}(t) x_r(t) \| = 0$$

则称驱动系统（3.3.1）和响应系统（3.3.2）实现修正函数投影同步，式中矩阵 $\boldsymbol{\alpha}(t)$ 的对角线上的元素 $\alpha_1(t), \alpha_2(t), \cdots \alpha_n(t)$ 不全相同.

当函数对角矩阵 $\boldsymbol{\alpha}(t)$ 中的对角线上的元素都相同时，称驱动系统（3.3.1）和响应系统（3.3.2）实现函数投影同步；当函数对角矩阵 $\boldsymbol{\alpha}(t)$ 中的对角线上的元素不全相同时，称驱动系统（3.3.1）和响应系统（3.3.2）实现修正函数投影同步.

设驱动系统（3.3.1）和响应系统（3.3.2）之间的同步误差为

$$e(t) = y(t) - \alpha(t)x_r(t) \tag{3.3.5}$$

如果当 $t \to \infty$ 时，有 $e(t) \to 0$，那么驱动系统（3.3.1）和响应系统（3.3.2）实现修正函数投影同步. 因此，驱动系统（3.3.1）和响应系统（3.3.2）的修正函数投影同步问题转化为实现 $e(t)$ 零解的渐近稳定性问题.

通过定义 3.3.1 的驱动系统和响应系统之间的同步误差，可得到驱动系统（3.3.1）和响应系统（3.3.2）之间的同步误差系统为

$$\dot{e}(t) = g(y) + G(y)\theta + u(x, y) - \dot{\alpha}(t)x_r(t)$$
$$- \alpha(t)f_r(x) - \alpha(t)F_r(x)\eta \tag{3.3.6}$$

为了实现驱动系统（3.3.1）和响应系统（3.3.2）的修正函数投影同步，利用牵制控制策略，设置自适应控制器为

$$u(x, y) = -g(y) + \dot{\alpha}(t)x_r(t) + \alpha(t)f_r(x)$$
$$- G(y)\tilde{\theta} + \alpha(t)F_r(x)\tilde{\eta} - e \tag{3.3.7}$$

式中，$\tilde{\theta}$ 和 $\tilde{\eta}$ 分别为未知参数 θ 和 η 的估计值.

根据式（3.3.6）和（3.3.7），同步误差系统进一步描述为

$$\dot{e}(t) = G(y)(\theta - \tilde{\theta}) - \alpha(t)F_r(x)(\eta - \tilde{\eta}) - e \tag{3.3.8}$$

为了证明对任意的初值条件，同步误差 $e(t)$ 的零解是全局渐近稳定的，构造 Lyapunov 函数为

$$V = \frac{1}{2}(e^{\mathrm{T}}e + \hat{\theta}^{\mathrm{T}}\hat{\theta} + \hat{\eta}^{\mathrm{T}}\hat{\eta}) \tag{3.3.9}$$

不难看出 $V \geqslant 0$，式中 $\hat{\theta} = \theta - \tilde{\theta}$，$\hat{\eta} = \eta - \tilde{\eta}$.

构造用来估计参数 θ 和 η 的修正法则为

$$\begin{cases} \dot{\tilde{\theta}} = G^{\mathrm{T}}(y)e \\ \dot{\tilde{\eta}} = -F_r^{\mathrm{T}}(x)\alpha(t)e \end{cases} \tag{3.3.10}$$

式中，$e^{\mathrm{T}} = (e_1, e_2, \cdots, e_m)$；$\alpha(t) = \mathrm{diag}(\alpha_1(t), \alpha_2(t), \cdots, \alpha_m(t)) \in \mathbf{R}^{m \times m}$. 因为 θ

和 η 分别为响应系统和驱动系统的参数向量，所以 $\dot{\hat{\theta}}=-\dot{\tilde{\theta}}$ 且 $\dot{\hat{\eta}}=-\dot{\tilde{\eta}}$.

根据式（3.3.8）和（3.3.10），则 V 对时间 t 的导数为

$$\dot{V}=e^{\mathrm{T}}\dot{e}+\dot{\tilde{\theta}}^{\mathrm{T}}\hat{\theta}+\dot{\tilde{\eta}}^{\mathrm{T}}\hat{\eta}$$

$$=e^{\mathrm{T}}G(y)\hat{\theta}-e^{\mathrm{T}}\alpha(t)F_r(x)\hat{\eta}-e^{\mathrm{T}}e-e^{\mathrm{T}}G(y)\hat{\theta}+e^{\mathrm{T}}\alpha(t)F_r(x)\hat{\eta}$$

$$=-e^{\mathrm{T}}e\leqslant0 \tag{3.3.11}$$

根据 Lyapunov 稳定性定理，可知同步误差 $e(t)$ 的零解是全局渐近稳定的，驱动系统（3.3.1）和响应系统（3.3.2）能够实现修正函数投影同步.

3. 数值仿真

通过具体的混沌系统，验证所设计的自适应控制器的有效性和系统未知参数辨识法则的正确性，选取超混沌 Chen 系统和 Lorenz 系统分别作为驱动系统和响应系统，其中超混沌 Chen 系统描述为

$$\begin{cases} \dot{x}_1=a(x_2-x_1)+x_4 \\ \dot{x}_2=dx_1-x_1x_3+cx_2 \\ \dot{x}_3=x_1x_2-bx_3 \\ \dot{x}_4=x_2x_3+rx_4 \end{cases} \tag{3.3.12}$$

当系统参数 $a=35$，$b=3$，$c=12$，$d=7$，$r=0.5$ 时，系统处于超混沌状态，超混沌 Chen 系统的混沌吸引子如图 3.3.1 所示.

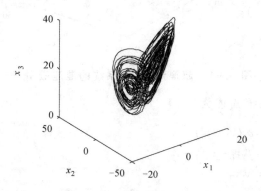

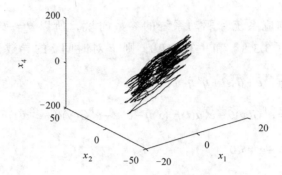

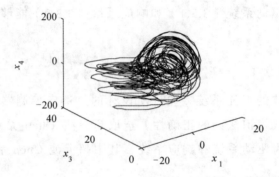

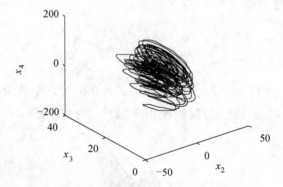

图 3.3.1 超混沌 Chen 系统的混沌吸引子

Lorenz 系统描述为

$$\begin{cases} \dot{y}_1 = a_1(y_2 - y_1) \\ \dot{y}_2 = b_1 y_1 - y_1 y_3 - y_2 \\ \dot{y}_3 = y_1 y_2 - c_1 y_3 \end{cases} \tag{3.3.13}$$

当系统参数 $a_1 = 10$，$b_1 = 28$，$c_1 = 8/3$ 时，Lorenz 系统处于混沌状态.

为了实现三维响应系统（Lorenz 系统）和四维驱动系统（超混沌 Chen 系统）的修正函数投影同步，首先根据式（3.3.3），将驱动系统超混沌 Chen 系统可分成如下两部分

$$\begin{pmatrix} \dot{x}_1 \\ \dot{x}_2 \\ \dot{x}_3 \end{pmatrix} = \begin{pmatrix} x_4 \\ -x_1 x_3 \\ x_1 x_2 \end{pmatrix} + \begin{pmatrix} x_2 - x_1 & 0 & 0 & 0 \\ 0 & 0 & x_2 & x_1 \\ 0 & -x_3 & 0 & 0 \end{pmatrix} \begin{pmatrix} a \\ b \\ c \\ d \end{pmatrix} \qquad (3.3.14)$$

$$\dot{x}_4 = x_2 x_3 + r x_4 \qquad (3.3.15)$$

根据（3.3.2）驱动系统，受控制的响应系统（Lorenz 系统）可写成如下形式

$$\begin{pmatrix} \dot{y}_1 \\ \dot{y}_2 \\ \dot{y}_3 \end{pmatrix} = \begin{pmatrix} 0 \\ -y_2 - y_1 y_3 \\ y_1 y_2 \end{pmatrix} + \begin{pmatrix} y_2 - y_1 & 0 & 0 \\ 0 & y_1 & 0 \\ 0 & 0 & -y_3 \end{pmatrix} \begin{pmatrix} a_1 \\ b_1 \\ c_1 \end{pmatrix} + \begin{pmatrix} u_1 \\ u_2 \\ u_3 \end{pmatrix} \qquad (3.3.16)$$

式中，驱动系统的参数 a，b，c，d 和响应系统的参数 a_1，b_1，c_1 是未知的. 根据自适应控制器的设计策略（3.3.7），在数值仿真时，设计自适应控制器为

$$\begin{cases} u_1 = \dot{\alpha}_1(t)x_1 + \alpha_1(t)x_4 - (y_2 - y_1)\tilde{a}_1 + \alpha_1(t)(x_2 - x_1)\tilde{a} - \\ \qquad [y_1 - \alpha_1(t)x_1] \\ u_2 = y_2 + y_1 y_3 + \dot{\alpha}_2(t)x_2 - \alpha_2(t)x_1 x_3 \\ \qquad - y_1 \tilde{b}_1 + \alpha_2(t)(x_2 \tilde{c} + x_1 \tilde{d}) - [y_2 - \alpha_2(t)x_2] \\ u_3 = -y_1 y_2 + \dot{\alpha}_3(t)x_3 + \alpha_3(t)x_1 x_2 + y_3 \tilde{c}_1 - \alpha_3(t)x_3 \tilde{b} - \\ \qquad [y_3 - \alpha_3(t)x_3] \end{cases} \qquad (3.3.17)$$

根据式（3.3.10），响应系统参数的辨识法则为

$$\begin{cases} \dot{\tilde{a}}_1 = (y_2 - y_1)[y_1 - \alpha_1(t)x_1] \\ \dot{\tilde{b}}_1 = y_1[y_2 - \alpha_2(t)x_2] \\ \dot{\tilde{c}}_1 = -y_3[y_3 - \alpha_3(t)x_3] \end{cases} \qquad (3.3.18)$$

驱动系统参数的辨识法则为

$$\begin{cases} \dot{\hat{a}} = -\alpha_1(t)(x_2 - x_1)[y_1 - \alpha_1(t)x_1] \\ \dot{\hat{b}} = \alpha_3(t)x_3[y_3 - \alpha_3(t)x_3] \\ \dot{\hat{c}} = -\alpha_2(t)x_2[y_2 - \alpha_2(t)x_2] \\ \dot{\hat{d}} = -\alpha_2(t)x_1[y_2 - \alpha_2(t)x_2] \end{cases} \quad (3.3.19)$$

不妨选取比例函数矩阵 $\alpha(t) = \mathrm{diag}(1 + \sin x, 1 + \cos x, 2\sin x)$，驱动系统和响应系统选取任意的初值条件，同步误差 $e_i\ (i=1,2,3)$ 都能趋向 0.

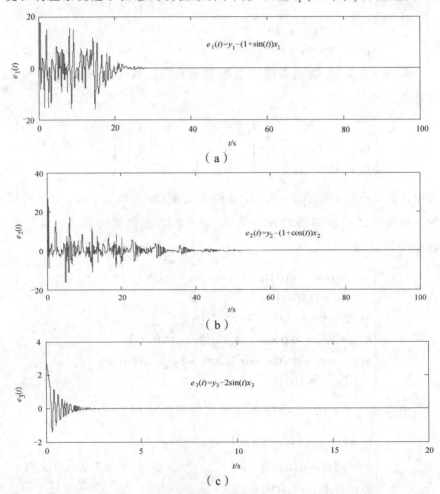

图 3.3.2 参数未知的 Lorenz 混沌系统和参数未知的 Chen 超混沌系统的修正函数投影同步误差图

由图 3.3.2 可知，同步误差 e_i $(i=1,2,3)$ 都趋向 0，说明运用自适应控制器（3.3.17），参数未知的受牵制的 Lorenz 系统（3.3.16）和参数未知的 Chen 超混沌系统实现了修正函数投影同步.

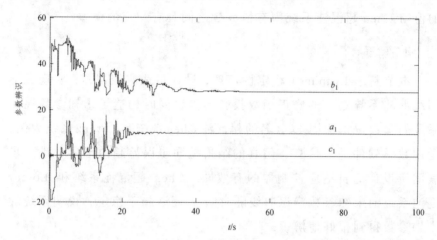

图 3.3.3 Lorenz 系统未知参数 a_1，b_1，c_1 的辨识

由图 3.3.3 可知，Lorenz 系统的参数辨识曲线随时间 t 逐渐趋于稳定，参数 a_1，b_1 的辨识曲线分别准确地趋向了 Lorenz 混沌系统参数的固有值 $a_1=10$，$b_1=28$；参数 c_1 的辨识曲线趋向的值与 Lorenz 系统固有值 $c_1=8/3$ 之间具有一定的误差.

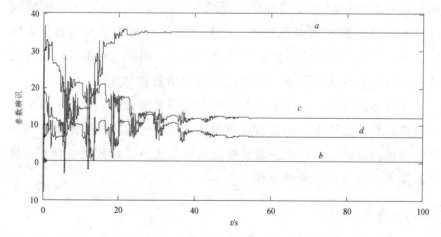

图 3.3.4 Chen 系统的未知参数 a，b，c，d 的辨识

由图 3.3.4 可知,Chen 超混沌系统的参数辨识曲线随时间 t 也逐渐趋于稳定,参数 a,c,d 的辨识曲线分别准确地趋向了 Chen 超混沌系统参数的固有值 $a=35$,$c=12$,$d=7$;而参数 b 的辨识曲线趋向的值与 Chen 超混沌系统固有值 $b=3$ 之间具有一定的误差.

4. 结论

本节基于 Lyapunov 稳定性定理,设计自适应控制器,实现了不同维混沌系统之间的修正函数投影同步,同时构造了未知参数混沌系统的参数辨识法则.以著名的超混沌 Chen 系统和 Lorenz 系统为例,运用数学软件进行仿真,仿真的结果是同步误差趋向于零,进一步表明所设计的自适应控制器的有效性. Chen 超混沌系统和 Lorenz 混沌系统的未知参数辨识曲线随时间 t 逐渐趋于稳定,说明系统的未知参数得到很好地辨识.

3.4 混沌系统的分段函数投影同步及参数辨识

胡满峰等在文献[73,74]中对混沌系统的广义投影同步作了深入的研究,本节提出混沌系统的分段函数投影同步,分段函数投影同步是指响应系统的状态变量和驱动系统的状态变量之间在不同的时间段以不同的函数比例实现同步. 相对于常数比例因子和函数投影同步,分段函数投影同步的同步方式更加复杂,因此,应用分段函数函数投影同步实现保密通信,将会使得通信信息更加安全.

在现实世界中,许多复杂系统的参数都是未知的,因此,本节研究参数未知的混沌系统的分段函数投影,构造自适应控制器和未知参数的辨识法则,使得驱动系统和响应系统实现分段函数投影同步,并对系统未知参数进行准确辨识.

1. 混沌系统

考虑一个 n 维混沌动力系统,将系统分成两部分的代数和,其

中一部不含系统参数，另一部分含有系统参数

$$\dot{x} = f(x) + F(x)\theta \qquad (3.4.1)$$

式中，$x = (x_1, x_2, \cdots, x_n)^T \in R^n$ 是系统的状态向量；$f : R^n \to R^n$ 是不含系统参数的向量函数；$F : R^n \to R^{n \times k}$ 是矩阵函数，θ 是系统的 k 维参数向量.

以系统（3.4.1）作为驱动系统，任取一 n 维的响应混沌系统为

$$\dot{y} = g(y) + u(x, y) \qquad (3.4.2)$$

式中，$y = (y_1, y_2, \cdots, y_n)^T \in R^n$ 是响应系统的状态向量；$g : R^n \to R^n$ 非线性向量函数；$u(x, y)$ 是施加在响应系统上的自适应控制器.

2. 分段函数投影同步

设驱动系统和响应系统之间的误差向量为

$$e(t) = y - \alpha(t)x \qquad (3.4.3)$$

式中，$\alpha(t) = \text{diag}[\alpha_1(t), \alpha_2(t), \cdots, \alpha_m(t)]$ 是 m 维的对角矩阵，取 $\alpha_1(t) = \alpha_2(t) = \cdots = \alpha_m(t)$ 且为分段函数.

根据驱动系统和响应系统的误差（3.4.3），得驱动系统（3.4.1）和响应系统（3.4.2）之间的误差系统为

$$\dot{e}(t) = g(y) + u(x, y) - \dot{\alpha}(t)x - \alpha(t)f(x) - \alpha(t)F(x)\theta \qquad (3.4.4)$$

为了实现驱动系统（3.4.1）和响应系统（3.4.2）的分段函数投影同步，利用牵制控制技术，设置如下的自适应控制器

$$u(x, y) = -g(y) + \dot{\alpha}(t)x + \alpha(t)f(x) + \alpha(t)F(x)\tilde{\theta} - e \qquad (3.4.5)$$

式中，$\tilde{\theta}$ 为驱动系统未知参数 θ 的估计值.

根据式（3.4.5），同步误差系统（3.4.4）进一步描述为

$$\dot{e}(t) = -\alpha(t)F(x)(\theta - \tilde{\theta}) - e \qquad (3.4.6)$$

若误差系统（3.4.6）的零解全局渐近稳定的，则驱动系统（3.4.1）和响应系统（3.4.2）的分段函数投影同步.

为了证明对任意的初值条件，误差 $e(t)$ 的零解是全局渐近稳定的，构造 Lyapunov 函数为

$$V = \frac{1}{2}(e^{\mathrm{T}}e + \hat{\theta}^{\mathrm{T}}\hat{\theta}) \tag{3.4.7}$$

式中，$\hat{\theta} = \theta - \tilde{\theta}$；不难看出 $V \geqslant 0$。构造未知参数 θ 和 η 的辨识法则为

$$\dot{\hat{\theta}} = -F^{\mathrm{T}}(x)\alpha(t)e \tag{3.4.8}$$

因为 $\hat{\theta} = \theta - \tilde{\theta}$，所以 $\dot{\hat{\theta}} = -\dot{\tilde{\theta}}$。

根据式（3.4.6）和（3.4.8），则 V 对时间 t 的导数为

$$\dot{V} = e^{\mathrm{T}}\dot{e} + \dot{\hat{\theta}}^{\mathrm{T}}\hat{\theta}$$

$$= -e^{\mathrm{T}}\alpha(t)F(x)\hat{\theta} - e^{\mathrm{T}}e + e^{\mathrm{T}}\alpha(t)F(x)\hat{\theta} = -e^{\mathrm{T}}e \leqslant 0. \tag{3.4.9}$$

根据 Lyapunov 稳定性定理，可知误差 $e(t)$ 的零解是全局渐近稳定的，所以驱动系统（3.4.1）和响应系统（3.4.2）能够实现分段函数投影同步。

3. 数值仿真

选取著名的 Lorenz 系统作为驱动系统，其动力学方程为

$$\begin{cases} \dot{x}_1 = a(x_2 - x_1) \\ \dot{x}_2 = bx_1 - x_1x_3 - x_2 \\ \dot{x}_3 = x_1x_2 - cx_3 \end{cases} \tag{3.4.10}$$

当系统参数 $a = 10$，$b = 28$，$c = 8/3$ 时，Lorenz 系统处于混沌状态。

以 Lorenz 系统为驱动系统，根据式（3.4.1），Lorenz 系统（3.4.10）可写成如下形式

$$\begin{pmatrix} \dot{x}_1 \\ \dot{x}_2 \\ \dot{x}_3 \end{pmatrix} = \begin{pmatrix} 0 \\ -x_1x_3 - x_2 \\ x_1x_2 \end{pmatrix} + \begin{pmatrix} x_2 - x_1 & 0 & 0 \\ 0 & x_1 & 0 \\ 0 & 0 & -x_3 \end{pmatrix} \begin{pmatrix} a \\ b \\ c \end{pmatrix} \tag{3.4.11}$$

假设驱动系统的参数 a，b，c 是未知的，应用参数辨识法则，未知参数 a，b，c 将在图 3.4.4 中得到准确辨识。

为了简单起见，不妨选取分段函数为

$$\alpha(t) = \begin{cases} 2 & (0 < t \leqslant 50) \\ 3 & (50 < t \leqslant 100) \\ 4 & (100 < t \leqslant 150) \end{cases} \tag{3.4.12}$$

著名的 Rössler 系统的动力学方程为

$$\begin{cases} \dot{y}_1 = -y_2 - y_3 \\ \dot{y}_2 = y_1 + a_1 y_2 \\ \dot{y}_3 = b_1 + y_1 y_3 - c_1 y_3 \end{cases} \tag{3.4.13}$$

当系统参数 $a_1 = 0.2, b_1 = 0.2, c_1 = 5.7$ 时，Rössler 系统有如图 3.4.1 所示的混沌吸引子.

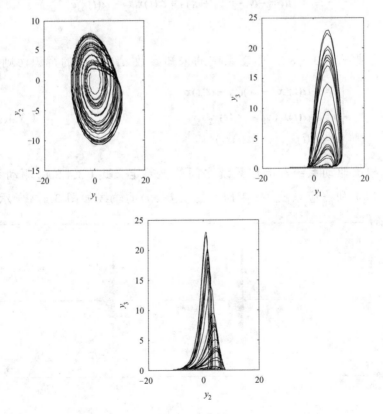

图 3.4.1　Rössler 系统的混沌吸引子

根据响应系统（3.4.2），给系统（3.4.13）添加自适应控制器 $u(x, y)$，得到受控的响应系统为

$$\begin{cases} \dot{y}_1 = -y_2 - y_3 + u_1 \\ \dot{y}_2 = y_1 + a_1 y_2 + u_2 \\ \dot{y}_3 = b_1 + y_1 y_3 - c_1 y_3 + u_3 \end{cases} \tag{3.4.14}$$

式中自适应控制器为

$$u(x, y) = \begin{cases} u_1 = y_2 + y_3 + \alpha(t)(x_2 - x_1)\tilde{a} - (y_1 - \alpha(t)x_1) \\ u_2 = -y_1 - a_1 y_2 - \alpha(t)(x_1 x_3 + x_2) + \alpha(t)x_1\tilde{b} \\ \qquad - (y_2 - \alpha(t)x_2) \\ u_3 = -b_1 - y_1 y_3 + c_1 y_3 + \alpha(t)x_1 x_2 - \alpha(t)x_3\tilde{c} \\ \qquad - (y_3 - \alpha(t)x_3) \end{cases} \tag{3.4.15}$$

根据式（3.4.8），驱动系统的未知参数 a，b，c 的辨识法则为

$$\begin{cases} \dot{\tilde{a}} = -\alpha(t)(x_2 - x_1)(y_1 - \alpha(t)x_1) \\ \dot{\tilde{b}} = -\alpha(t)x_1(y_2 - \alpha_3(t)x_2) \\ \dot{\tilde{c}} = \alpha(t)x_3(y_3 - \alpha(t)x_3) \end{cases} \tag{3.4.16}$$

根据驱动系统和响应系统之间的误差定义式（3.4.3），驱动系统（3.4.11）和响应系统（3.4.14）的误差 $e(t)$ 的轨线如图 3.4.2 所示.

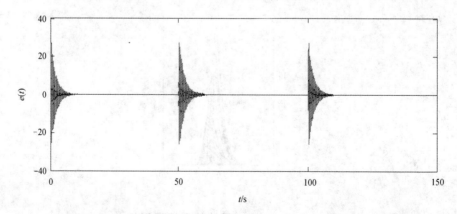

图 3.4.2 驱动系统（3.4.11）和响应系统（3.4.14）的误差轨线

由图 3.4.2 可以看出，误差 $e(t)$ 在 $t \in [0,50]$，$t \in (50,100]$，$t \in (100,150]$ 的各时间段内都趋向 0，说明在自适应控制器（3.4.15）的作用下，驱动系统（3.4.11）和响应系统（3.4.14）依比例函数（3.4.12）实现分段函数投影同步．根据分段函数（3.4.12），从一个时间段向另一个时间段过渡时，同步比例发生变化，所以误差轨线有一定幅度的振荡.

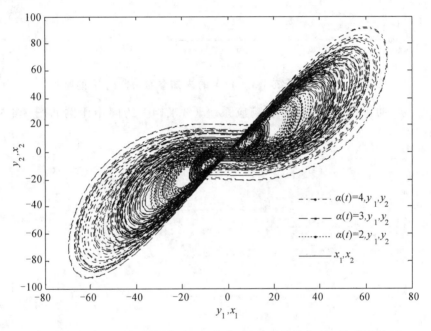

图 3.4.3 驱动系统（3.4.10）和响应系统（3.4.14）相图

由图 3.4.3 可知，响应系统（3.4.14）和驱动系统（3.4.10）以分段函数（3.4.12）实现函数投影同步，响应系统的相图大小分别是驱动系统大小的 4 倍、3 倍和 2 倍．同时，根据驱动系统（3.4.11）的未知参数参数辨识法则（3.4.16），未知参数的辨识如图 3.4.4 所示．

由图 3.4.4 可知，驱动系统（3.4.11）的未知参数辨识曲线趋向系统参数的固有值 $a = 28$，$b = 10$，$c = 8/3$，说明了未知参数辨识法则（3.4.16）的有效性.

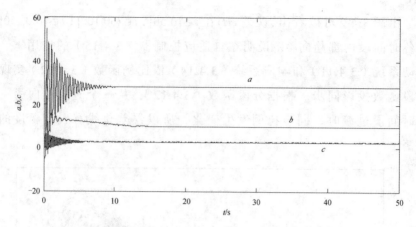

图 3.4.4　驱动系统（3.4.11）的未知参数 a，b，c 的辨识

驱动系统（3.4.11）和响应系统（3.4.14）的同步比例如图 3.4.5 所示。

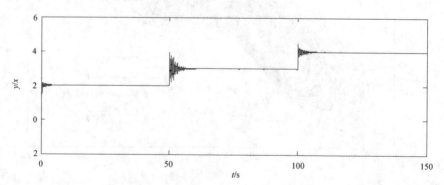

图 3.4.5　驱动系统（3.4.11）和响应系统（3.4.14）的同步比例

由图 3.4.5 可知，在时间段 $t \in [0,50]$，$t \in (50,100]$，$t \in (100,150]$ 内，驱动系统（3.4.11）和响应系统（3.4.14）分别以比例 2，3，4 实现同步，说明驱动系统（3.4.11）和响应系统（3.4.14）依比例函数（3.4.12）实现分段函数投影同步.

4. 结论

本节研究了参数未知混沌系统的分段函数投影同步及参数辨识问题，利用牵制控制技术，并基于 Lyapunov 稳定性定理，设计自适应控制器和系统未知参数的辨识法则，实现驱动系统和响应系统的分段函数投影同步，并对系统的未知参数进行辨识. 数值仿真表明自适应控制器和未知参数辨识法则的有效性. 分段函数投影同步可以看作是对混沌同步研究的进一步延伸.

3.5 激活控制不同维混沌系统的修正函数投影同步

激活控制是通过设计适当的控制器，将同步误差系统控制成为一个系数矩阵的所有特征值都具有负实部的误差线性系统. 激活控制的同步控制器容易设计，且同步误差能够快速趋向于零，同时激活控制不需要构造误差系统的李雅普洛夫函数. 文献[75]通过激活控制研究了异结构混沌同步，异结构混沌系统是两个维数相同的不同混沌系统. 不同维混沌系统是两个维数不同的不同混沌系统，研究问题更加一般化.

非错位同步是驱动系统的状态变量与受控的响应系统的状态变量按顺序配对同步，反之，驱动系统的状态变量与受控的响应系统的状态变量不按顺序配对同步称之为错位同步. 相对于非错位同步，错位同步增大了保密通信的密钥空间，能够使得保密通信的信息更加安全，更具有潜在的应用价值.

下面研究利用激活控制，实现不同维数混沌系统的错位与非错位修正函数投影同步.利用激活控制理论，在错位与非错位两种方式下，分别设计两种同步控制器，实现不同维混沌系统的修正函数投影同步并进行数值仿真.

1. 模型的描述及激活控制

驱动系统的动力学方程为

$$\dot{x}(t) = f(x(t)) \qquad\qquad (3.5.1)$$

式中，$x(t) = [x_1(t), x_2(t), \cdots, x_n(t)]^T \in R^n$ 为系统的状态变量；$f: R^n \to R^n$ 是

连续的非线性向量函数. 受控响应系统的动力学方程为

$$\dot{y}(t) = g(y(t)) + u \qquad (3.5.2)$$

式中，$y(t) = [y_1(t), y_2(t), \cdots, y_m(t)]^T \in R^m$ 是响应系统的状态变量；$g : R^m \to R^m$ 是连续的非线性向量函数；u 为实现系统同步输入的控制函数.

当 $n = m$，$f = g$ 时，驱动系统和响应系统是相同动力系统；当 $m \neq n$，$f \neq g$ 时，驱动系统和响应系统是不同维数的不同动力系统.

研究通过激活控制实现不同维混沌系统的修正函数投影同步问题，因为 $m < n$，所以需要先将驱动系统（3.5.1）分成两部分

$$\dot{x}_m(t) = f_m(x) \qquad (3.5.3)$$

$$\dot{x}_s(t) = f_s(x) \qquad (3.5.4)$$

式中，$x_m \in R^m$；$f_m : R^m \to R^m$，$m + s = n$.

设驱动系统（3.5.1）和响应系统（3.5.2）之间的修正函数投影同步误差为

$$e(t) = y(t) - \boldsymbol{\alpha}(t) x_m(t) \qquad (3.5.5)$$

式中，$\boldsymbol{\alpha}(t) = \mathrm{diag}[\alpha_1(t), \alpha_2(t), \cdots, \alpha_m(t)]$，且 $\alpha_i(t)$ $(i = 1, 2, \cdots, m)$ 为不全相同的函数. 如果当 $t \to \infty$ 时，有 $e(t) \to 0$，那么驱动系统（3.5.1）和响应系统（3.5.2）实现了修正函数投影同步.

激活控制不同维混沌系统同步问题就是寻找合适的控制函数 u，使得误差系统满足

$$\dot{e}(t) = Ae(t) \qquad (3.5.6)$$

式中，系数矩阵 A 的所有特征值 $(\lambda_1, \lambda_2, \cdots, \lambda_m)$ 都具有负实部，则 $e(t)$ 有形如 $e^{\lambda_i t} T_i$ $(i = 1, 2, 3, \cdots, m)$ 的指数衰减形式解（T_i 为 λ_i 的特征向量），这表明误差在原点是渐近稳定的，即驱动系统与响应系统实现修正函数投影同步.

以经典 Lorenz 系统为基础，利用状态反馈控制方法构造了一个新超混沌系统，其微分方程组为

$$\begin{cases} \dot{x}_1 = a(x_2 - x_1) \\ \dot{x}_2 = bx_1 - x_1x_3 - x_2 + cx_4 \\ \dot{x}_3 = x_1x_2 - \theta x_3 \\ \dot{x}_4 = -kx_1 \end{cases} \quad (3.5.7)$$

当系统参数 $a=10$，$b=28$，$c=2$，$\theta=4$，$k=8$ 时，系统（3.5.7）处于超混沌状态，具有如图 3.5.1 所示的奇怪吸引子.

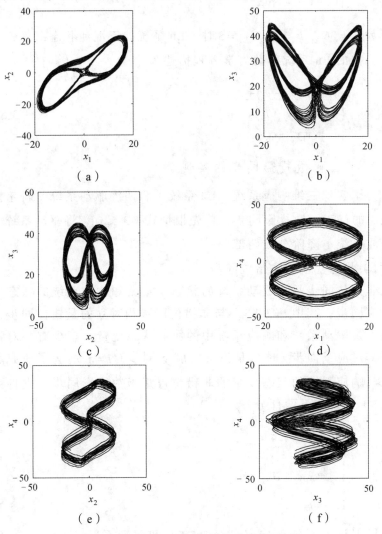

图 3.5.1 新超混沌系统的奇怪吸引子

2002 年，陈关荣教授和吕金虎教授提出了一个与 Lorenz 系统和 Chen 系统都不拓扑等价的混沌系统——Lü 系统，Lü 系统的动力学方程为

$$
\begin{cases}
\dot{v}_1 = a_1(v_2 - v_1) \\
\dot{v}_2 = -v_1 v_3 + b_1 v_2 \\
\dot{v}_3 = v_1 v_2 - c_1 v_3
\end{cases}
\tag{3.5.8}
$$

当参数 $a_1 = 36$，$b_1 = 20$，$c_1 = 3$ 时，Lü 系统处于混沌状态.

受控的 Lü 系统的动力学方程描述为

$$
\begin{cases}
\dot{y}_1 = a_1(y_2 - y_1) + u_1 \\
\dot{y}_2 = -y_1 y_3 + b_1 y_2 + u_2 \\
\dot{y}_3 = y_1 y_2 - c_1 y_3 + u_3
\end{cases}
\tag{3.5.9}
$$

2. 修正函数投影同步的实现

为了实现三维响应系统（Lü 系统）和四维驱动系统（新超混沌系统）的修正函数投影同步，首先根据式（3.5.3），将驱动系统（新超混沌系统）降阶分成两部分.

1）状态变量的非错位同步

非错位同步是指驱动系统的状态变量 x_i 和响应系统的状态变量 y_i 对应同步，其中 $i = 1, 2, 3$. 与非错位同步相对立的是错位同步，错位同步是驱动系统和响应系统中的所有状态变量，至少有一对不是按照 x_i 对应 y_i 同步，也就是说 x_i 对应 y_j 同步（$i \neq j$）. 为了研究驱动系统与响应系统的状态变量的非错位修正函数投影同步，先将系统（3.5.7）分成如下两部分.

$$
\begin{cases}
\dot{x}_1 = a(x_2 - x_1), \\
\dot{x}_2 = b x_1 - x_1 x_3 - x_2 + c x_4, \\
\dot{x}_3 = x_1 x_2 - \theta x_3,
\end{cases}
\tag{3.5.10}
$$

$$
\dot{x}_4 = -k x_1
\tag{3.5.11}
$$

根据误差系统的定义式（3.5.5）和驱动系统（3.5.7）的分法

（3.5.10）式，驱动系统（3.5.7）和响应系统（3.5.9）状态变量的非错位同步误差为

$$
\begin{cases}
e_1 = y_1 - \alpha_1(t)x_1 \\
e_2 = y_2 - \alpha_2(t)x_2 \\
e_3 = y_3 - \alpha_3(t)x_3
\end{cases}
\tag{3.5.12}
$$

结合式（3.5.9）和式（3.5.10），得到驱动系统和响应系统的修正函数投影同步误差系统为

$$
\begin{cases}
\dot{e}_1 = -a_1 e_1 + a_1 y_2 - \alpha_1(t)ax_2 + \alpha_1(t)(a-a_1)x_1 \\
\qquad - \dot{\alpha}_1(t)x_1 + u_1 \\
\dot{e}_2 = b_1 e_2 - y_1 y_3 - b\alpha_2(t)x_1 + \alpha_2(t)x_1 x_3 + (b_1+1)\alpha_2(t)x_2 \\
\qquad - c\alpha_2(t)x_4 - \dot{\alpha}_2(t)x_2 + u_2 \\
\dot{e}_3 = -c_1 e_3 + y_1 y_2 - \alpha_3(t)x_1 x_2 + (\theta-c_1)\alpha_3(t)x_3 \\
\qquad - \dot{\alpha}_3(t)x_3 + u_3
\end{cases}
\tag{3.5.13}
$$

选取激活控制的控制器为

$$
\begin{cases}
u_1 = -a_1 y_2 + \alpha_1(t)ax_2 - \alpha_1(t)(a-a_1)x_1 + \dot{\alpha}_1(t)x_1 + V_1 \\
u_2 = y_1 y_3 + b\alpha_2(t)x_1 - \alpha_2(t)x_1 x_3 - (b_1+1)\alpha_2(t)x_2 \\
\qquad + c\alpha_2(t)x_4 + \dot{\alpha}_2(t)x_2 + V_2 \\
u_3 = -y_1 y_2 + \alpha_3(t)x_1 x_2 - (\theta-c_1)\alpha_3(t)x_3 + \dot{\alpha}_3(t)x_3 + V_3
\end{cases}
\tag{3.5.14}
$$

式中，V_1, V_2, V_3 为控制输入. 选取控制输入为

$$
\begin{pmatrix} V_1 \\ V_2 \\ V_3 \end{pmatrix} = A \begin{pmatrix} e_1 \\ e_2 \\ e_3 \end{pmatrix}
\tag{3.5.15}
$$

式中不妨选取矩阵 A 为

$$
A = \begin{pmatrix} a_1-1 & 0 & 0 \\ 0 & -b_1-1 & 0 \\ 0 & 0 & c_1-1 \end{pmatrix}
\tag{3.5.16}
$$

这样，在激活控制（3.5.14）、（3.5.15）下，误差系统系数矩阵的特征值为-1，-1，-1，因此当 $t \to \infty$，误差变量 e_1，e_2，e_3 均收敛于 0. 从而实现了新超混沌系统（3.5.7）和受控 Lü 系统（3.5.9）的非错位修正函数投影同步.

2）状态变量的错位同步

为了研究驱动系统与响应系统的状态变量的错位修正函数投影同步. 先将系统（3.5.7）分成如下两部分[当然系统（3.5.7）还有其他分法].

$$\begin{cases} \dot{x}_1 = a(x_2 - x_1) \\ \dot{x}_3 = x_1 x_2 - \theta x_3 \\ \dot{x}_4 = -k x_1 \end{cases} \tag{3.5.17}$$

$$\dot{x}_2 = b x_1 - x_1 x_3 - x_2 + c x_4 \tag{3.5.18}$$

根据误差系统的定义式（3.5.5）和式（3.5.17），驱动系统（3.5.7）和响应系统（3.5.9）状态变量的错位修正函数投影同步误差为（当然还有其他搭配方式）

$$\begin{cases} \eta_1 = y_1 - \alpha_1(t) x_1 \\ \eta_2 = y_2 - \alpha_2(t) x_3 \\ \eta_3 = y_3 - \alpha_3(t) x_4 \end{cases} \tag{3.5.19}$$

根据式（3.5.19），并结合式（3.5.9）和式（3.5.17），得到驱动响应系统错位修正函数投影同步的误差系统为

$$\begin{cases} \dot{\eta}_1 = -a_1 \eta_2 + a_1 y_2 - \alpha_1(t) a x_2 + \alpha_1(t)(a - a_1) x_1 \\ \qquad - \dot{\alpha}_1(t) x_1 + u_1 \\ \dot{\eta}_2 = b_1 \eta_2 - y_1 y_3 - \alpha_2(t) x_1 x_2 + \alpha_2(t)(b_1 + \theta) x_3 \\ \qquad - \dot{\alpha}_2(t) x_3 + u_2 \\ \dot{\eta}_3 = -c_1 \eta_3 + y_1 y_2 - c_1 \alpha_3(t) x_4 + k \alpha_3(t) x_1 \\ \qquad - \dot{\alpha}_3(t) x_4 + u_3 \end{cases} \tag{3.5.20}$$

根据激活控制策略，选取控制器为

$$
\begin{cases}
u_1 = -a_1 y_2 + \alpha_1(t)ax_2 - \alpha_1(t)(a - a_1)x_1 \\
\quad\ + \dot{\alpha}_1(t)x_1 + W_1 \\
u_2 = y_1 y_3 + \alpha_2(t)x_1 x_2 - \alpha_2(t)(b_1 + \theta)x_3 \\
\quad\ + \dot{\alpha}_2(t)x_3 + W_2 \\
u_3 = -y_1 y_2 + c_1 \alpha_3(t)x_4 - k\alpha_3(t)x_1 + \dot{\alpha}_3(t)x_4 + W_3
\end{cases}
\tag{3.5.21}
$$

式中，W_1，W_2，W_3 为控制输入. 选取控制输入为

$$
\begin{pmatrix} W_1 \\ W_2 \\ W_3 \end{pmatrix} = B \begin{pmatrix} \eta_1 \\ \eta_2 \\ \eta_3 \end{pmatrix}
\tag{3.5.22}
$$

式中矩阵 B 为

$$
B = \begin{pmatrix} a_1 - 1 & 0 & 0 \\ 0 & -b_1 - 0.8 & 0 \\ 0 & 0 & c_1 - 0.5 \end{pmatrix}
\tag{3.5.23}
$$

在激活控制（3.5.21）、（3.5.22）下，误差系统系数矩阵的特征值为 -1，-0.8，-0.5，因此当 $t \to \infty$，误差变量 η_1，η_2，η_3 均收敛于 0，新超混沌系统（3.5.7）和受控 Lü 系统（3.5.9）实现了错位修正函数投影同步.

3. 数值仿真

使用数学软件进行数值仿真，不妨选取修正函数投影同步的比例函数矩阵 $\alpha(t) = \mathrm{diag}(1 + \sin x, 1 - \cos x, \sin x)$，驱动系统（3.5.7）和响应系统（3.5.9）的初值条件分别为 $[x_1(0); x_2(0); x_3(0); x_4(0)] = [-5.5;1;-3.1;1.2]$ 和 $[y_1(0); y_2(0); y_3(0)] = [0.5;3.02;2.1]$.

1）非错位修正函数投影同步

仿真驱动系统（3.5.7）和受控响应系统（3.5.9）状态变量的非

错位修正函数投影同步，验证激活控制的有效性，非错位修正函数投影同步误差如图 3.5.2 所示，非错位修正函数投影同步的相同的相图如图 3.5.3 所示.

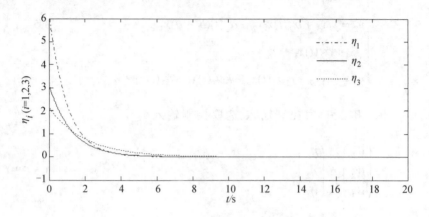

图 3.5.2　非错位修正函数投影同步误差图

由图 3.5.2 可知，驱动系统（3.5.7）和受控响应系统（3.5.9）的非错位修正函数投影同步误差 $e_i\,(i=1,2,3)$ 都快速趋向 0，说明在激活控制（3.5.14）、（3.5.15）下，驱动系统（新超混沌系统）和响应系统（受控 Lü 混沌系统）实现了非错位修正函数投影同步.

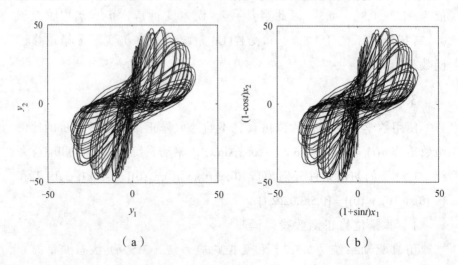

（a）　　　　　　　　　　（b）

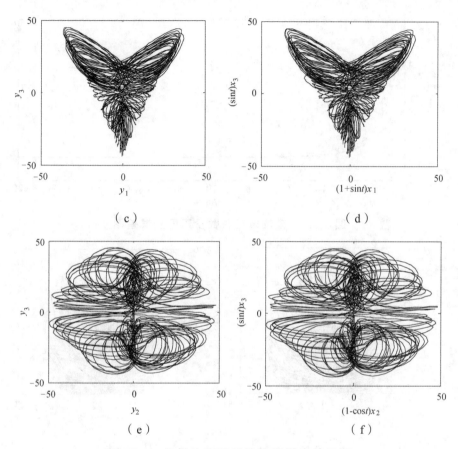

图 3.5.3　**非错位修正函数投影同步的相图**

　　由图 3.5.3 可知，驱动系统和受控的响应系统按照对角矩阵 $\boldsymbol{\alpha}(t)=\mathrm{diag}(1+\sin x,1-\cos x,\sin x)$ 实现同步，由于同步因子是三个不同的函数 $(1+\sin x,1-\cos x,\sin x)$，故可知在激活控制（3.5.14）、（3.5.15）下，驱动系统和受控的响应系统实现了状态变量的非错位修正函数投影同步，并且它们同步的混沌轨线更加复杂.

　　2）错位修正函数投影同步

　　仿真驱动系统（3.5.7）和受控响应系统（3.5.9）的错位修正函数投影同步，验证激活控制的有效性，错位修正函数投影同步误差如图 3.5.4 所示，错位修正函数投影同步的相图如图 3.5.5 所示.

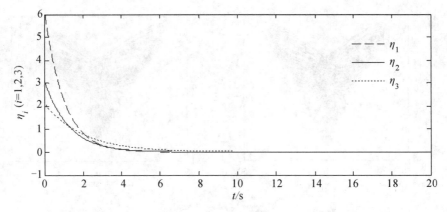

图 3.5.4　错位修正函数投影同步误差图

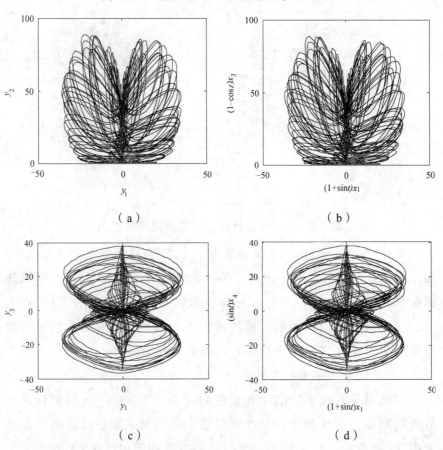

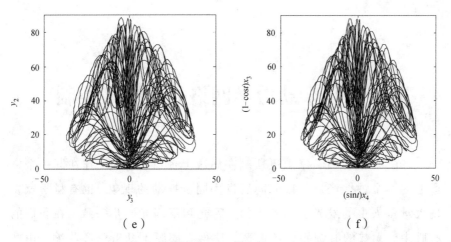

（e） （f）

图 3.5.5 错位修正函数投影同步的相图

由图 3.5.4 可知，驱动系统（3.5.7）和受控响应系统（3.5.9）的错位修正函数投影同步误差 η_i $(i=1,2,3)$ 都快速趋向 0，说明在激活控制（3.5.21）、（3.5.22）下，新超混沌系统和受控 Lü 混沌系统实现了状态变量的错位修正函数投影同步.

由图 3.5.5 可知，驱动系统和受控的响应系统按照对角矩阵 $\alpha(t)=$ diag$(1+\sin x,1-\cos x,\sin x)$ 实现同步，由于同步因子是三个不同的函数 $(1+\sin x,1-\cos x,\sin x)$，故可知在激活控制下，驱动系统和受控的响应系统实现了状态变量的错位修正函数投影同步，并且它们同步的混沌轨线更加复杂.

4. 结论

本节研究了激活控制实现不同维混沌系统的错位与非错位修正函数投影同步问题. 利用激活控制原理，分别设计两种同步控制器，在错位与非错位两种方式下，分别实现一个新四维超混沌系统和三维 Lü 系统的修正函数投影同步.

激活控制简单方便，同步控制器容易设计，同时研究成果是对激活控制相同维数的混沌系统的同步的进一步延伸.

4 非时滞复杂动力学网络的同步与控制

1965 年，物理学家惠更斯躺在病床上惊讶地发现，挂在同一个横梁上的两个钟摆经过一段时间后发生同步摆动的现象. 也有科学家发现大量萤火虫的发光也是同步的，闪光和不闪光同步一致. 在我们的心脏中，无数的心细胞同步振荡，使得心瓣膜不断舒张和收缩，由此可见，同步现象在日常生活中俯拾皆是. 而在今天，同步在激光系统、超导材料和通信系统等领域正起着重要的作用.

20 世纪 60 年代以来，随机图理论一直是研究复杂网络结构的基本理论，但大多实际的复杂网络结构并不是完全随机的. 而在 20 世纪即将结束之际，有两篇开创性的文章掀起了复杂网络研究的新纪元. 一篇是 Watts 和 Strogatz 于 1998 年在 *Nature* 上发表的《"小世界"网络的集体动力学》[76]，另一篇是 1999 年 Barabási 与 Albert 在 *Science* 上发表的《随机网络中标度的涌现》[77]. 近年来，许多学者对复杂网络做了大量研究，取得了丰硕的成果[78~80].

复杂动力学网络的一个重要研究方向就是网络节点之间的同步化运动，而耦合振子之间的同步化运动是解释许多自然现象的基础. 然而网络的拓扑结构在决定网络动力学特性方面起着很重要的作用，所以复杂网络的研究不仅要考虑节点的动力学特性，也要考虑网络的拓扑结构.

本章主要用牵制控制策略使得非时滞复杂动力学网络实现预期的同步效果. 本章共分为 3 节，分别为星形网络构成的复杂动力学网络的同步能力比较研究、具有时变耦合强度复杂动力学网络的同步、驱动响应复杂动力学网络的投影同步.

4.1 星形网络构成的复杂动力学网络的同步能力比较研究

复杂网络可以认为是由大量节点和连接这些节点的边构成的. 因此, 复杂网络的拓扑结构在很大程度上决定着它的动力学行为. 许多学者在这方面做了大量的研究, 其中, 汪小帆和陈关荣在文献[81]中得出, 复杂网络的同步化区域无界时, 其同步能力的强弱由其拓扑结构矩阵的第二大特征值判定. 复杂网络的同步化区域有界时, 同步能力的强弱由其拓扑结构矩阵的最小特征值与第二大特征值之比判定[82, 83].

复杂动力学网络同步能力问题引起了越来越多的学者的兴趣[81~83], 韩秀萍等人在文献[84]中研究了从环状网络到链状网络同步能力的变化. 在两个星形复杂网络之间增加一条边时, 构成三类不同拓扑结构的复杂网络, 本节主要研究这三类复杂网络的同步能力强弱问题.

1. 两个星形复杂网络连接构成的网络模型

图 4.1.1、4.1.2、4.1.3 分别为在两个星形复杂网络间只增加一条边时, 所得到的三类复杂网络的拓扑结构图. 图 4.1.1 所示为增加连接非中心节点 u_k 与非中心节点 u_{N+V} 的边, 图 4.1.2 所示为增加连接中心节点 u_N 与非中心节点 u_{N+V} 的边 ($k=1,2,\cdots,N-1$; $V=1,2,\cdots,M-1$), 图 4.1.3 所示为增加连接中心节点 u_N 与中心节点 u_{N+M} 的边.

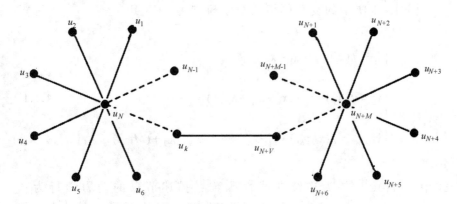

图 4.1.1   连接星形网络非中心节点形成的网络图

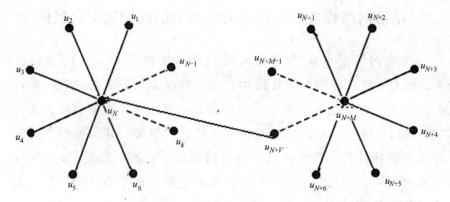

图 4.1.2　连接星形网络中心节点和非中心节点形成的网络图

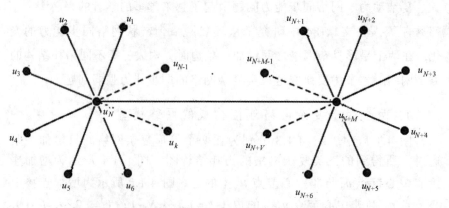

图 4.1.3　连接星形网络中心节点形成的网络图

图 4.1.1 所示的复杂网络的数学模型为

$$\begin{cases} \dot{x}_1 = f(x_1) + \varepsilon(-x_1 + x_N) \\ \quad\vdots \\ \dot{x}_k = f(x_k) + \varepsilon(-2x_k + x_N + x_{N+v}) \\ \quad\vdots \\ \dot{x}_{N+M} = f(x_{N+M}) + \varepsilon[-x_{N+1} - \cdots - x_{N+M-1} + (M-1)x_{N+M}] \end{cases} \qquad (4.1.1)$$

式中，$f(\cdot) \in \mathbb{R}^{n \times n}$ 为连续非线性函数，描述节点的动力学行为；$x_i = (x_{i1}, x_{i2}, \cdots, x_{in}) \in \mathbb{R}^n$ 表示第 i 个节点的状态变量；常数 ε 是节点间的

耦合强度. 复杂网络的拓扑结构矩阵为记为 $A_1 = (a_{ij})_{(N+M)\times(N+M)}$. 若第 i 个节点和第 j 个节点相连，则 $a_{ij} = a_{ji} = 1$，否则 $a_{ij} = a_{ji} = 0$，$i \neq j$，$a_{ii} = -\sum\limits_{i \neq j, j=1}^{N} a_{ij}$ $(i = 1, 2, \cdots, N+M)$.

图 4.1.2 所示的复杂网络的数学模型为

$$\begin{cases} \dot{x}_1 = f(x_1) + \varepsilon(-x_1 + x_N) \\ \quad \vdots \\ \dot{x}_N = f(x_N) + \varepsilon(x_1 + \cdots + x_{N-1} - Nx_N + x_{N+V}) \\ \quad \vdots \\ \dot{x}_{N+M} = f(x_{N+M}) + \varepsilon[-x_{N+1} - \cdots - x_{N+M-1} + (M-1)x_{N+M}] \end{cases} \quad (4.1.2)$$

图 4.1.3 所示的复杂网络的数学模型为

$$\begin{cases} \dot{x}_1 = f(x_1) + \varepsilon(-x_1 + x_N) \\ \quad \vdots \\ \dot{x}_N = f(x_N) + \varepsilon(x_1 + \cdots + x_{N-1} - Nx_N + x_{N+M}) \\ \quad \vdots \\ \dot{x}_{N+M} = f(x_{N+M}) + \varepsilon(-x_N - x_{N+1} - \cdots - x_{N+M-1} + Mx_{N+M}) \end{cases} \quad (4.1.3)$$

设 A_1，A_2，A_3 分别表示图 4.1.1~4.1.3 所示的复杂网络的拓扑结构矩阵，都是实对称耗散矩阵. 可知它们的特征值均为实数，满足 $\lambda_{N+M} \leqslant \lambda_{N+M-1} \leqslant \cdots \leqslant \lambda_2 < \lambda_1 = 0$.

2. 复杂网络的同步能力比较

引理 4.1.1[85]　若复杂动力学网络的同步化区域有界,则复杂网络的同步能力由拓扑结构矩阵 A 的最小特征值与第二大特征值的比值判定，比值越小，网络的同步能力越强.

引理 4.1.2[85]　若复杂动力学网络的同步化区域无界,则复杂网络的同步能力由拓扑结构矩阵 A 的第二大特征值判定，值越小，网络的同步能力越强.

当 $M=200$ 不变, 而 $N \in \{3,4,\cdots,200\}$ 时, 图 4.1.1~4.1.3 所示的三种网络的节点个数 N 与 λ_2 的关系图如图 4.1.4 所示.

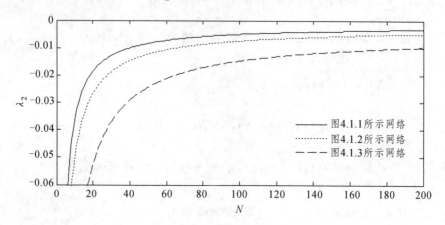

图 4.1.4　节点个数 N 与 λ_2 的关系图

当 $M=200$ 不变, 而 $N \in \{3,4,\cdots,200\}$ 时, 图 4.1.1~4.1.3 所示的三种网络的节点个数 N 与 $\lambda_{N+M} / \lambda_2$ 的关系图如图 4.1.5 所示.

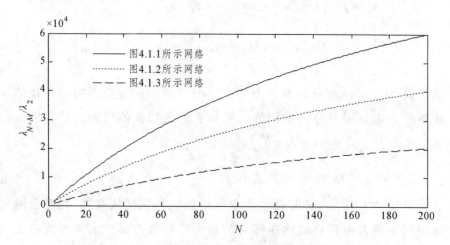

图 4.1.5　节点个数 N 与 $\lambda_{N+M} / \lambda_2$ 的关系图

根据图 4.1.4 和图 4.1.5, 不论这三种网络的同步化区域有界还是无界, 由引理 4.1.1 和引理 4.1.2 可到下面结论.

定理 4.1.1 连接两个星形复杂网络的中心节点形成的复杂网络的同步能力最强，连接中心节点和非中心节点形成的复杂网络的同步能力次之，连接非中心节点形成的复杂网络的同步能力最弱.

3. 数值仿真

在图 4.1.1~4.1.3 所示的复杂网络中，取每个节点都为 Rőssler 混沌系统. Rőssler 混沌系统的动力学方程为：

$$\begin{cases} \dot{x} = -y - z \\ \dot{y} = x + ay \\ \dot{z} = b + xz - cz \end{cases} \qquad (4.1.4)$$

式中，a，b，c 为参数.当参数 a=2，b=0.2，c=5.7 时，Rőssler 系统存在如图 4.1.6 所示的混沌吸引子.图 4.1.1~4.1.3 所示的复杂网络的时间序列图如图 4.1.7~4.1.9 所示.

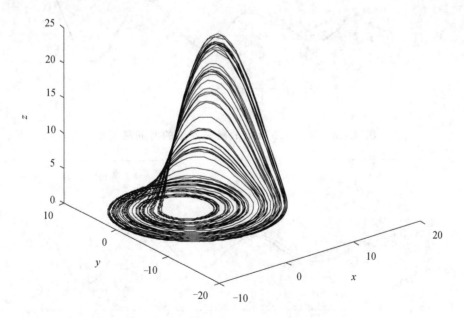

图 4.1.6 Rőssler 系统的混沌吸引子

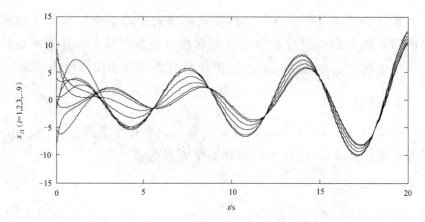

图 4.1.7　图 4.1.1 所示的复杂网络的时间序列图

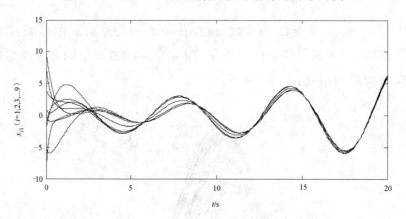

图 4.1.8　图 4.1.2 所示的复杂网络的时间序列图

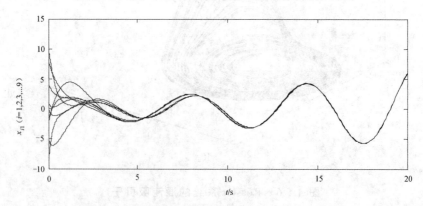

图 4.1.9　图 4.1.3 所示的复杂网络的时间序列图

数值仿真时，取 $N=4$，$M=5$，耦合强度 $\varepsilon=1$. 任取初值为：0.09；-4.1；6.1；0.1；-1.99；3.61；-5.01；4.01；3.91；-9.081；2.7；-3.8；8.01；-0.1；1.09；1；-1.1；5.41；-1.90；-10.55；-1.87；4.1；-0.51；2.01；-2.61；0.1；-7.001.

从图 4.1.7~4.1.9 可以看出，图 4.1.3 所示的复杂网络达到同步的时间最短，图 4.1.2 所示的复杂网络达到同步的时间较长，图 4.1.1 所示的复杂网络达到同步的时间最长. 仿真结果证实了图 4.1.3 所示的复杂网络的同步能力最强，图 4.1.2 所示的复杂网络的同步能力次之，图 4.1.1 所示的复杂网络的同步能力最弱.

4. 结论

在两个星形复杂网络之间增加一条边时，构成了图 4.1.1~4.1.3 所示的三类复杂网络. 首先通过编程绘图，得到了图 4.1.3 所示的复杂网络同步能力最强，图 4.1.2 所示的次之，图 4.1.1 所示的最弱. 然后利用数学软件仿真，得到的结果证实了这个结论. 该方法具有一般性，对于两个以上星形复杂网络在不同连接方式下形成的复杂网络的同步能力研究也同样适用.

这个结果对于一些现实世界的网络（如通信系统、电网等）的设计具有一定的参考意义. 有益的同步尽量加强，可以选择图 4.1.3 所示的连接方式；有害的同步尽量减少，可以选择图 4.1.1 所示的连接方式.

4.2　具有时变耦合强度复杂动力学网络的同步

同步是复杂动力学网络最重要的集体行为，一些同步对我们非常有用，例如，在通信网络中同步转换数字信号与模拟信号[86]. 近年来，复杂动力学网络的同步问题得到了许多学者的关注，并取得了丰硕的成果[87~89]. 但是，在文献[90，91]中研究复杂动力学网络同步时，假设各节点间的耦合强度是一个常数. 其实许多情况下由于外界的干扰，例如，噪声、信号传输的拥挤阻塞等，导致复杂网络节点间的耦合强度会随时间发生变化，即某一时刻两个节点间的强（弱）耦合关系，在另一时刻会变成弱（强）耦合关系，所以有必要研究具有时变耦合强度的复杂动力学网络的同步控制问题.

首先，设计一个自适应控制器，实现这类复杂动力学网络的同步. 然后，利用数学软件进行仿真，仿真的结果证实了该控制器的有效性和其对噪声具有较强的鲁棒性.

1. 具有时变耦合强度的复杂网络

考虑一个由 N 个相同节点一致连接的具有时变耦合强度的复杂动力学网络，其第 i 个节点的状态方程描述为

$$\dot{x}_i = f(x_i) + c_i(t)\sum_{j=1}^{N}l_{ij}Ax_j + u_i \ (i=1,2,3,\cdots,N) \quad (4.2.1)$$

式中，$x_i = (x_{i1}(t), x_{i2}(t), \cdots, x_{im}(t))^{\mathrm{T}} \in \mathbb{R}^n$ 是第 i 节点的状态变量. 函数 $f(\cdot)$ 是非线性连续可微函数. $c_i(t)$ 为节点间的时变耦合强度. 矩阵 $L = (l_{ij})_{N\times N}$ 是复杂网络的拓扑结构矩阵;若节点 i 和节点 $j(i \neq j)$ 连接，则 $l_{ij} = l_{ji} = 1$，否则 $l_{ij} = l_{ji} = 0$；而 $l_{ii} = -\sum_{i=1,i\neq j}^{N}l_{ij}$. 矩阵 $A = (a_{pq})_{N\times N}$ 表示节点的内部关系矩阵，它是由网络中节点的某些内部因素确定的. u_i 为施加在第 i 节点上的自适应控制器.

为了下面定理证明的需要，给出下列假设和引理.

假设 4.2.1 向量函数 $f(\cdot)$ 满足 Lipschitz 条件. 即

$\forall x、y \in R^n$，$\exists \gamma \in R^+$，使得 $\|f(x) - f(y)\| \leqslant \gamma\|x - y\|$ 成立.

假设 4.2.2 （1）设（4.2.1）中拓扑结构矩阵 L 的各元素满足：$\exists l \in \mathrm{R}^+$；使 $|l_{ij}| \leqslant l$.

（2）时变偶和强度 $c_i(t)$ 为有界函数，即：$\forall t > 0$，$\exists c \in R^+$，都有 $|c_i(t)| \leqslant c$.

引理[92]**4.2.1** 若 α_1、$\alpha_2 \in \mathbb{R}^n$，$A$ 为 n 阶实对称正定矩阵，ρ 为 A 的谱半径；则有下列两个线性矩阵不等式 $2\alpha_1^{\mathrm{T}}\alpha_2 \leq \alpha_1^{\mathrm{T}}\alpha_1 + \alpha_2^{\mathrm{T}}\alpha_2$ 和 $\alpha_1^{\mathrm{T}}A\alpha_1 \leq \rho\alpha_1^{\mathrm{T}}\alpha_1$ 成立．

2. 复杂动力学网络的同步

若（4.2.1）中耦合项为零，则得孤立节点的状态方程可表示为

$$\dot{x} = f(x) \tag{4.2.2}$$

若有 $\lim\limits_{t \to \infty} \|x_i(t) - x(t)\| = 0$，则称复杂动力学网络（4.2.1）和孤立节点（4.2.2）实现同步．

设复杂动力学网络（4.2.1）和孤立节点的误差为

$$e_i(t) = x_i(t) - x(t) \quad (i = 1, 2, \cdots, N)$$

若当 $t \to \infty$ 时，有 $e_i(t) \to 0$，则称 $e_i(t)$ 的零解是渐近稳定，即复杂动力学网络（4.2.1）和孤立节点（4.2.2）实现同步，式中 $e_i(t) = [e_{i1}(t), e_{i2}(t), \cdots, e_{im}(t)]^{\mathrm{T}}$．

带有控制器的误差状态方程为：

$$\dot{e}_i(t) = f(x_i) + c_i(t)\sum_{j=1}^{N} l_{ij}Ax_j + u_i(t) - f(x)$$

$$= f(x_i) - f(x) + u_i + c_i(t)\sum_{j=1}^{N} l_{ij}Ax_j - c_i(t)\sum_{j=1}^{N} l_{ij}Ax$$

$$= f(x_i) - f(x) + c_i(t)\sum_{j=1}^{N} l_{ij}Ae_j \tag{4.2.3}$$

定理 4.2.1 如果复杂动力学网络（4.2.1）中的控制器为自适应控制

$$u_i(t) = -e_i(t)\int_0^t \|e_i(u)\|^2 \mathrm{d}\mu \tag{4.2.4}$$

那么 $e_i(t)$ 的零解是渐近稳定，即复杂动力学网络（4.2.1）和孤立节点（4.2.2）实现同步．

证明 构造 Lyapunov 函数为

$$V(e_i) = \frac{1}{2}\sum_{i=1}^{N}[\|e_i\|^2 + (\int_0^t\|e_i(\mu)\|^2\,\mathrm{d}\mu + \eta)^2]$$

式中 η 为待定常数，显然 $V(e_i) \geqslant 0$.

$$\dot{V}(e_i) = \sum_{i=1}^{N}e_i^T\dot{e}_i + \sum_{i=1}^{N}(\int_0^t\|e_i(\mu)\|^2\,\mathrm{d}\mu + \eta)\|e_i(t)\|^2$$

根据式（4.2.3）可得

$$\dot{V}(e_i) = \sum_{i=1}^{N}e_i^T[f(x_i) - f(x) + u_i] + c_i(t)\sum_{i=1}^{N}\sum_{j=1}^{N}l_{ij}e_i^T A e_j$$

$$+ \sum_{i=1}^{N}(\int_0^t\|e_i(\mu)\|^2\,\mathrm{d}\mu + \eta)\|e_i(t)\|^2$$

$$= \sum_{i=1}^{N}e_i^T[f(x_i) - f(x) - e_i\int_0^t\|e_i(\mu)\|^2\,\mathrm{d}\mu] +$$

$$c_i(t)\sum_{i=1}^{N}\sum_{j=1}^{N}l_{ij}e_i^T A e_j + \sum_{i=1}^{N}(\int_0^t\|e_i(\mu)\|^2\,\mathrm{d}\mu + \eta)\|e_i(t)\|^2$$

$$= \sum_{i=1}^{N}e_i^T[f(x_i) - f(x)] + c_i(t)\sum_{i=1}^{N}\sum_{j=1}^{N}l_{ij}e_i^T A e_j + \eta\sum_{i=1}^{N}\|e_i(t)\|^2$$

又根据假设 4.2.1、假设 4.2.2 和引理可得

$$\dot{V}(e_i) \leqslant \gamma\sum_{i=1}^{N}\|e_i(t)\|^2 + \frac{1}{2}c_i(t)\sum_{i=1}^{N}\sum_{j=1}^{N}l_{ij}^2 e_i^T e_i$$

$$+ \frac{1}{2}c_i(t)\sum_{i=1}^{N}\sum_{j=1}^{N}(Ae_j)^T(Ae_j) + \eta\sum_{i=1}^{N}\|e_i\|^2$$

$$\leqslant \gamma\sum_{i=1}^{N}\|e_i(t)\|^2 + \frac{1}{2}cl^2 N\sum_{i=1}^{N}\|e_i\|^2 + \frac{1}{2}cN\sum_{j=1}^{N}\|Ae_j\|^2 + \eta\sum_{i=1}^{N}\|e_i(t)\|^2$$

$$\leqslant \gamma\sum_{i=1}^{N}\|e_i(t)\|^2 + \frac{1}{2}cl^2 N\sum_{i=1}^{N}\|e_i\|^2 + \frac{1}{2}cN\rho^2\sum_{i=1}^{N}\|e_i(t)\|^2 + \eta\sum_{i=1}^{N}\|e_i(t)\|^2$$

$$= (\gamma + \frac{1}{2}cl^2 N + cN\rho^2 + \eta)\sum_{i=1}^{N}\|e_i\|^2$$

取 $\eta=(\gamma+\dfrac{1}{2}cl^2N+cN\rho^2)-1$ ，可得到 $\dot{V}(e_i)=-\displaystyle\sum_{i=1}^{N}\|e_i\|^2\leqslant 0$ ．根据 Lyapunov 稳定性定理可知， $e_i(t)$ 的零解是渐近稳定的，即复杂动力学网络（4.2.1）和孤立节点（4.2.2）实现同步．

3. 数值仿真

考虑由 3 个相同节点构成的具有时变耦合强度的复杂动力学网络，设时变耦合强度 $c_i(t)=\dfrac{t}{1+t}$ ，取节点间的内部关系矩阵 A 和动态网络的拓扑结构矩阵 L 分别为

$$A=\begin{bmatrix}1 & 0 & 0\\0 & 2 & 0\\0 & 0 & 3\end{bmatrix},\quad L=\begin{bmatrix}-2 & 1 & 1\\1 & -2 & 1\\1 & 1 & -2\end{bmatrix}$$

利用 Lorenz 混沌系统描述复杂动力学网络（4.2.1）的各节点，其动力学方程为

$$\begin{cases}\dot{x}=-a(x-y)\\\dot{y}=bx-y-xz\\\dot{z}=xy-cz\end{cases}$$

式中， a ， b ， c 为系统参数．当 $a=10,b=28,c=\dfrac{8}{3}$ 时，系统处于混沌状态．不加控制器 $u_i(t)$ 时的误差轨迹如图 4.2.1 所示．

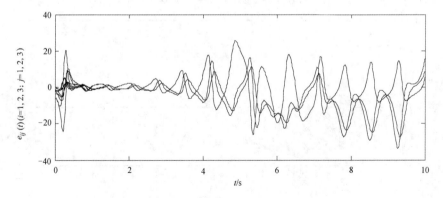

图 4.2.1　不加控制器 $u_i(t)$ 时的误差轨迹

由图 4.2.1 可以看出，不加控制器（4.2.3）时，$e_{ij}(t)$ 不趋于零，说明复杂动力学网络和孤立节点不能实现同步.

对复杂动力学网络的各节点施加自适应控制器（4.2.4）时，复杂动力学网络和孤立节点的误差轨迹如图 4.2.2 所示.

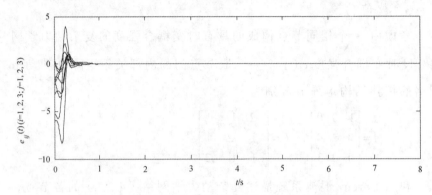

图 4.2.2　复杂动力学网络和孤立节点的误差轨迹

由图 4.2.2 可以看出，当对复杂动力学网络的各节点施加自适应控制器（4.2.4）时，$e_{ij}(t)$ 很快趋于零，说明复杂动力学网络和孤立节点实现了同步.

若有外部噪声 $s(t)=2\cos t$ 的干扰，得到受噪声干扰的复杂动力学网络，其内部耦合矩阵由 $A=(a_{pq})_{N \times N}$ 变成为 $\overline{A}=\left[a_{pq}s(t)\right]_{N \times N}$. 对受噪音干扰的复杂动力学网络的各节点施加自适应控制器（4.2.4）时，其各节点和孤立节点的误差轨迹如图 4.2.3 所示.

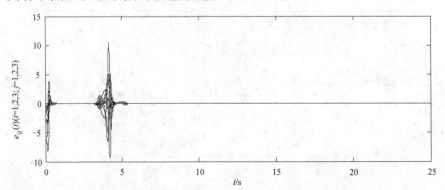

图 4.2.3　受噪声干扰的复杂动力学网络和孤立节点的误差轨迹

由图 4.2.3 可以看出，由于外界噪声 $s(t)$ 的干扰，各节点的状态在 3~5 s 失控而脱离同步，但在 5 s 后又趋于同步. 说明自适应控制器（4.2.4）对外界噪声具有较强的抗干扰能力.

4. 结论

本节研究了一类具有时变耦合强度的复杂动力学网络的同步问题. 考虑到这类复杂动力学网络自身难以实现同步（图 4.2.1 证实了这一点），设计了一个自适应控制器，对复杂动力学网络的各节点实施牵制控制，从而使这类复杂动力学网络较快地实现了同步. 实际上复杂动力学网络常受到外部不确定因素的影响，如噪声等. 但是，当复杂动力学网络受到噪声干扰时，该控制器也能使该网络实现同步，说明该自适应控制器具有较强的鲁棒性.

4.3 驱动响应复杂动力学网络的投影同步

相互作用的子系统构成的复杂网络普遍存在于自然界中，如万维网、交通运输网、生态系统网等，复杂网络模型被看作是处理相互作用子系统的好工具. 最近，复杂网络的同步引起了许多学者对其理论价值和实践应用的密切关注[93~96]. 许多混沌同步类型运用于复杂动力学网络的同步，如完全同步[54]、相同步[97]、滞后同步[98]、广义同步[99]、投影同步[100]等. 因为投影同步利用其比例特性能够使得其在保密通信中信息更加安全，所以复杂网络的投影同步近年来被广泛地研究[101,102].

两个混沌系统（Lorenz 系统和 Disk 系统）的投影同步首次在文献[103]中被提出. Xu 研究表明因为投影同步的比例因子 α 依赖于混沌系统和初值条件，所以估计投影同步的比例因子比较困难. Liu 通过建立响应系统研究了动力学网络的投影同步. Hu 等人在文献[104]中基于三维 Lorenz 混沌系统介绍了驱动响应动力学网络模型，并使驱动系统和响应网络实现投影同步.

复杂动力学网络是由大量具有动力学行为的节点通过边相互连接而成，由于现实中复杂网络的节点众多，所以对其所有节点牵制控制实现同步是不现实的，因此，希望对尽可能少的网络节点实施牵制控制实现同步.

本节首先介绍了一类驱动响应动力学网络模型，其中驱动系统是部分线性混沌系统，响应网络的每个节点分别是混沌系统的线性部分. 并且发现仅对响应网络的一个节点施加线性反馈控制器，就能使响应网络的每个节点和驱动系统实现投影同步.

1. 驱动响应动力学网络的模型

1）部分线性混沌系统

复杂动力学网络的每个节点都有其特定的动力学行为，一般说来，其每个节点都是一个混沌或超混沌系统. 其中一些混沌或超混沌系统（如 Lorenz 混沌系统、Chen 混沌系统[105]、Chen 超混沌系统，Rössler 超混沌系统等）被叫作部分线性系统. 它们的状态向量可分为线性和非线性两部分.

褚衍东等人构造了一个类似 Lorenz 系统但又不拓扑等价的新混沌系统（Chu 系统[106]），Chu 系统的方程为

$$\begin{cases} \dot{x} = \sigma(y-x) \\ \dot{y} = xz - y \\ \dot{z} = \gamma - xy - \rho z \end{cases} \tag{4.3.1}$$

式中，$X = [x, y, z] \in R^3$ 为系统的状态变量；σ，γ，ρ 为系统参数. 当参数 $\sigma = 5$，$\gamma = 16$，$\rho = 1$ 且初值 $X = [0.5, 0.3, 2]$ 时，系统（4.3.1）处于混沌状态，其混沌吸引子如图 4.3.1 所示.

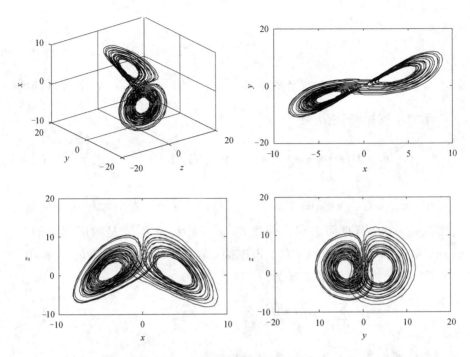

图 4.3.1　Chu 系统的混沌吸引子

Chu 系统的动力学方程可以改写为

$$\begin{cases} \begin{pmatrix} \dot{x} \\ \dot{y} \end{pmatrix} = M(z) \cdot \begin{pmatrix} x \\ y \end{pmatrix} \\ \dot{z} = f(x, y, z) \end{cases} \tag{4.3.2}$$

则易知矩阵 $M(z) = \begin{pmatrix} -\sigma & \sigma \\ z & -1 \end{pmatrix}$，非线性函数 $f(x, y, z) = \gamma - xy - \rho z$，

所以方程（4.3.2）可以看作是状态变量 x, y 的导数通过系数矩阵 $M(z)$ 线性依赖于状态变量 x，y. 所以称 Chu 系统为部分线性系统.

2）驱动响应动力学网络

通过第 1）中的讨论可知，若设向量 $\boldsymbol{u} = \begin{pmatrix} x \\ y \end{pmatrix}$，则任意的部分线性混沌系统的动力学方程可写为

$$\begin{cases} \dot{\boldsymbol{u}} = M(z)\boldsymbol{u} \\ \dot{z} = f(\boldsymbol{u}, z) \end{cases} \qquad (4.3.3)$$

称（4.3.3）为驱动系统，若设 $\boldsymbol{u}_i = \begin{pmatrix} x_i \\ y_i \end{pmatrix}$，则含有 N 个节点的响应动力学网络描述为

$$\dot{\boldsymbol{u}}_i = M(z) \cdot \boldsymbol{u}_i + a \sum_{j=1}^{N} b_{ij} \boldsymbol{u}_j \quad (i = 1, \cdots, N) \qquad (4.3.4)$$

式中，$\boldsymbol{u}_i \ (i = 1, \cdots, N)$ 是响应动力学网络的第 i 个节点的二维状态向量；常数 $a(> 0)$ 是节点间的耦合强度；矩阵 $B = (b_{ij}) \in R^{N \times N}$ 是响应网络的拓扑结构矩阵，如果节点 i 和 j 相连接，取 $b_{ij} = b_{ji} = 1$，否则 $b_{ij} = b_{ji} = 0$，矩阵 B 的对角线元素定义为

$$b_{ii} = - \sum_{j=1, j \neq i}^{N} b_{ij} \quad (i = 1, \cdots, N) \qquad (4.3.5)$$

显然矩阵 B 是不可约的实对称矩阵且满足

$$\sum_{j=1}^{N} b_{ij} = 0 \quad (i = 1, \cdots, N) \qquad (4.3.6)$$

2. 驱动响应动力学网络的投影同步定义

定义 4.3.1 若对常数比例因子 $\alpha(\neq 0)$，都有

$$\lim_{t \to \infty} \|\boldsymbol{u}_i - \alpha \cdot \boldsymbol{u}\| = 0 \qquad (4.3.7)$$

式中，$i = 1, 2, \cdots, N$，则称驱动响应动力学网络（4.3.3）、（4.3.4）依常数比例因子 α 实现投影同步.

下面在给出驱动响应动力学网络（4.3.3）、（4.3.4）的投影同步准则之前，先介绍一个重要引理.

引理[107]4.3.1 设对角矩阵 $D = \mathrm{diag}(d_1, \cdots, d_N)$ 满足 $d_i \geq 0$ 且 $d_1 + d_2 + \cdots + d_N > 0$，如果设矩阵 $G = B - D$[其中矩阵 B 满足（4.3.5）

和（4.3.6）]，那么

（1）矩阵 $\boldsymbol{G}$ 的所有特征值小于零，即 $0 > \lambda_1 \geqslant \lambda_2 \geqslant \cdots \geqslant \lambda_N$.

（2）存在正交矩阵 $\boldsymbol{\Phi} = (\varphi_1, \cdots, \varphi_N) \in R^{N \times N}$，使得 $\boldsymbol{G}\varphi_s = \lambda_s\varphi_s$，式中 $\lambda_s (s = 1, \cdots, N)$ 是矩阵 $\boldsymbol{G}$ 的特征值.

3. 驱动响应动力学网络的投影同步准则

对常数比例因子 $\alpha(\neq 0)$，当 $t \to \infty$ 时，$\boldsymbol{u}_i \to \alpha \cdot \boldsymbol{u}$ $(i = 1, 2, \cdots, N)$. 为了实现这个目的，设计线性控制器：

$$\boldsymbol{v}_i = -ad_i(\boldsymbol{u}_i - \alpha \cdot \boldsymbol{u}) \quad (i = 1, \cdots, N) \tag{4.3.8}$$

当然对响应动力学网络（4.3.4）的所有节点都施加控制器，更容易使驱动响应动力学网络实现投影同步，但是现实中复杂网络的节点众多，对所有的节点都牵制控制是不现实的. 因此，考虑到对现实中的复杂网络的节点牵制控制的可行性，仅牵制响应动力学网络（4.3.4）的一个节点，使得驱动系统（4.3.3）和响应动力学网络（4.3.4）实现投影同步.

不失一般性，对响应动力学网络（4.3.4）的第 1 个节点实施牵制，那么施加了线性控制器（4.3.8）的受控驱动响应动力学网络为

$$\begin{cases} \dot{\boldsymbol{u}} = \boldsymbol{M}(z)\boldsymbol{u} \\ \dot{z} = f(\boldsymbol{u}, z) \end{cases} \tag{4.3.9}$$

$$\dot{\boldsymbol{u}}_i = \boldsymbol{M}(w)\boldsymbol{u}_i + a\sum_{j=1}^{N} b_{ij}\boldsymbol{u}_j - ad_i(\boldsymbol{u}_i - \alpha \cdot \boldsymbol{u}) \tag{4.3.10}$$

式中，$d_i = \begin{cases} > 0 & i = 1 \\ = 0 & i = 2, 3, \cdots, N \end{cases}$. 这样就实现了仅对响应动力学网络（4.3.4）的第 1 节点的牵制. 设矩阵 $\boldsymbol{D} = \mathrm{diag}\{d_1, \cdots, d_N\}$，矩阵 $\boldsymbol{G} = (g_{ij})_{N \times N} = \boldsymbol{B} - \boldsymbol{D}$.

定义牵制驱动响应动力学网络（4.3.9）、（4.3.10）的投影同步误差为

$$\boldsymbol{e}_i = \boldsymbol{u}_i - \alpha \cdot \boldsymbol{u} \tag{4.3.11}$$

式中，$e_i = \begin{pmatrix} e_i^1 \\ e_i^2 \end{pmatrix} = \begin{pmatrix} x_i - \alpha \cdot x \\ y_i - \alpha \cdot y \end{pmatrix}$. 这样，驱动响应动力学网络（4.3.9）、

（4.3.10）的投影同步问题转化为 e_i 零解的稳定性问题.

牵制驱动响应动力学网络（4.3.9）、（4.3.10）的投影同步误差系统为

$$\dot{e}_i = \dot{u}_i - \alpha \cdot \dot{u} = M(z)u_i + a\sum_{j=1}^{N} b_{ij}u_j - ad_i(u_i - \alpha \cdot u) - \alpha M(z) \cdot u$$

根据式（4.3.11）可得

$$\dot{e}_i = M(z)e_i + a\sum_{j=1}^{N} b_{ij}u_j - ad_i(u_i - \alpha \cdot u)$$

$$= M(z)e_i + a\sum_{j=1}^{N} g_{ij}u_j + ad_i\alpha u$$

根据式（4.3.6）可得

$$\dot{e}_i = M(z)e_i + a\sum_{j=1}^{N} g_{ij}u_j - a\alpha u\sum_{j=1}^{N} g_{ij}$$

$$= M(z)e_i + a\sum_{j=1}^{N} g_{ij}e_j \quad (i = 1, 2, \cdots, N) \tag{4.3.12}$$

式（4.3.12）可写成向量形式：

$$\dot{e} = M(z)e + aGe \tag{4.3.13}$$

式中，$e = [e_1, e_2, \cdots, e_N]^{\mathrm{T}}$.

根据引理 4.3.1，矩阵 $G = (g_{ij})_{N \times N}$ 的特征值满足 $0 > \lambda_1 \geqslant \lambda_2 \geqslant \cdots \geqslant \lambda_N$，且存在正交矩阵 $\Phi = (\varphi, \varphi, \cdots \varphi)$，使得 $G\varphi_i = \lambda_i \varphi_i$ $(i = 1, \cdots, N)$. 设驱动响应动力学网络（4.3.9）、（4.3.10）的投影同步误差向量 $e_i = \varphi_i \eta_i$，则式（4.3.13）可化为

$$\dot{\eta}_i = M(z)\eta_i + a\lambda_i \eta_i \quad (i = 1, \cdots, N) \tag{4.3.14}$$

当 $t \to \infty$ 时，如果 $\eta_i \to 0$，那么 $e_i \to 0$. 所以受牵制的驱动响应

动力学网络（4.3.9）、（4.3.10）的投影同步问题进一步转化为 η_i 零解的稳定性问题.

定理 4.3.1　设 $\lambda_{\max}(z)$ 是矩阵 $M(z)+M^{\mathrm{T}}(z)$ 的最大特征值，如果 $\lambda(z)+a\lambda_1<0$，那么受牵制的驱动响应动力学网络（4.3.9）、（4.3.10）实现投影同步. 其中 λ_1 是矩阵 G 的最大特征值.

证明　构造 Lyapunov 函数为

$$V[\eta_i(t)]=\eta_i^{\mathrm{T}}(t)\eta_i(t) \tag{4.3.15}$$

显然 $V[\eta_i(t)]\geqslant 0$，则有

$$\dot{V}[\eta_i(t)]=2\dot{\eta}_i^{\mathrm{T}}(t)\eta_i(t)=2\eta_i^{\mathrm{T}}(t)[M^{\mathrm{T}}(z)+a\lambda_i I]\eta_i(t)$$

$$\leqslant\eta_i^{\mathrm{T}}(t)\{[M^{\mathrm{T}}(z)+M(z)]+a\lambda_i I\}\eta_i(t)$$

$$\leqslant\eta_i^{\mathrm{T}}(t)[\lambda_{\max}(z)+a\lambda_1]\eta_i(t)$$

式中，I 为二维单位矩阵. 根据定理条件 $\lambda(w)+a\lambda_1<0$，可知 $\dot{V}[\eta_i(t)]<0$，根据 Lyapunov 稳定性定理可知，η_i 的零解是渐近稳定性的.

4. 数值仿真

选择 Chu 系统 $\begin{cases}\dot{x}=\sigma(y-x)\\ \dot{y}=xz-y\\ \dot{z}=\gamma-xy-\rho z\end{cases}$　作为驱动系统，设响应动力学网络

含有 5 个节点，则其第 i 个节点的动力系统为

$$\dot{x}_i=-\sigma x_i+\sigma y_i+a\sum_{j=1}^{5}b_{ij}x_j-ad_i(x_i-\alpha x)$$

$$\dot{y}_i=zx_i-y_i+a\sum_{j=1}^{5}b_{ij}y_j-ad_i(y_i-\alpha y)\quad i=1,\cdots,N \tag{4.3.16}$$

因为仅牵制响应动力学网络的第 1 个节点，所以 $d_1>0$，$d_i=0\ (i=2,3,4,5)$. 设响应网络（4.3.16）的拓扑结构矩阵为

$$B = \begin{pmatrix} -2 & 1 & 0 & 0 & 1 \\ 1 & -2 & 1 & 0 & 0 \\ 0 & 1 & -3 & 1 & 1 \\ 0 & 0 & 1 & -2 & 1 \\ 1 & 0 & 1 & 1 & -3 \end{pmatrix}$$

Chu 系统变量 z 的时间历程如图 4.3.2 所示. 矩阵 $M(z) + M^{\mathrm{T}}(z)$ 的特征值 $M(z)$ 与 z 的关系如图 4.3.3 所示.

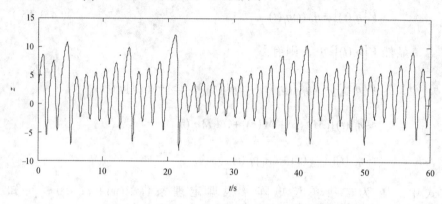

图 4.3.2　Chu 系统变量 z 的时间历程

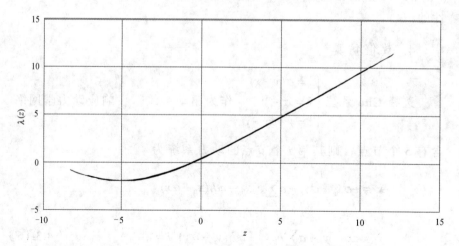

图 4.3.3　矩阵 $M(z) + M^{\mathrm{T}}(z)$ 的特征值与 z 的关系

不妨取 $d_1 = 6$，矩阵 G 的最大特征值 $\lambda_1 = -0.3168$. 因为 Chu 混

沌系统是有界的，从图 4.3.2 可以看出变量 $z \in (-10,15)$，从图 4.3.3 可以看出矩阵 $M(z) + M^{\mathrm{T}}(z)$ 的特征值具有最大值，经计算 $\lambda_{\max}(z) = 11.503\,8$．为了满足定理的条件 $\lambda_{\max}(z) + a\lambda_1 < 0$，则耦合强度 a 必须满足 $a > 36.312\,5$，在下面的仿真中取 $a = 36.5$．

1）驱动响应动力学网络的完全同步

在响应动力学网络（4.3.16）中，取比例因子 $\alpha = 1$，驱动系统（4.3.1）与响应动力学网络（4.3.16）实现完全同步，仿真结果如图 4.3.4、4.3.5 所示．

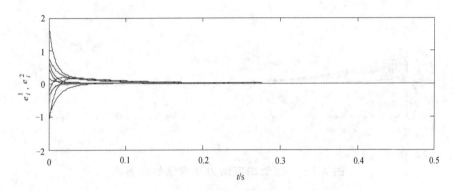

图 4.3.4　驱动响应动力学网络的误差图

图 4.3.4 反映的同步误差 $\begin{pmatrix} e_i^1 \\ e_i^2 \end{pmatrix} = \begin{pmatrix} x_i - x \\ y_i - y \end{pmatrix}$ $(i = 1,2,3,4,5)$，从图 4.3.4 可以看出，响应网络（4.3.16）的各节点与 Chu 系统（4.3.1）很快实现了完全同步．

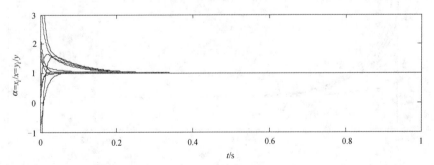

图 4.3.5　驱动响应网络的状态变量比 x_i / x，y_i / y 的时间历程图

从图 4.3.5 可以看出，仅对响应网络的一个节点施加控制器，驱动系统（4.3.1）与响应网络（4.3.16）的各节点依比例因子 $\alpha = 1$ 实现完全同步.

2）驱动响应动力学网络的反同步

在响应动力学网络（4.3.16）中，取比例因子 $\alpha = -1$，驱动系统与响应动力学网络实现反同步，仿真结果如图 4.3.6~4.3.8 所示.

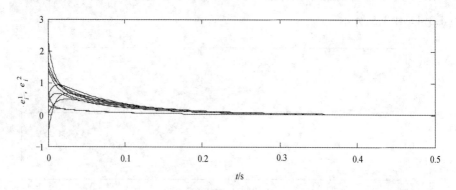

图 4.3.6　驱动响应动力学网络的误差图

图 4.3.6 反映的同步误差 $\begin{pmatrix} e_i^1 \\ e_i^2 \end{pmatrix} = \begin{pmatrix} x_i + x \\ y_i + y \end{pmatrix}$ $(i = 1,2,3,4,5)$，从图 4.3.6

可以看出，响应网络（4.3.16）的各节点与 Chu 系统（4.3.1）实现了反同步.

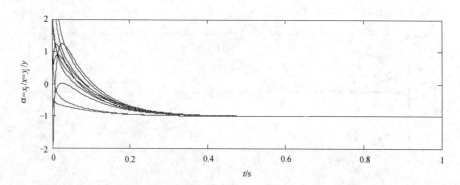

图 4.3.7　驱动响应网络的变量比 x_i / x, y_i / y 的时间历程图

从图 4.3.7 可以看出，仅对响应网络的一个节点施加控制器，驱动系统与响应网络的各节点依比例因子 $\alpha = -1$ 实现反同步.

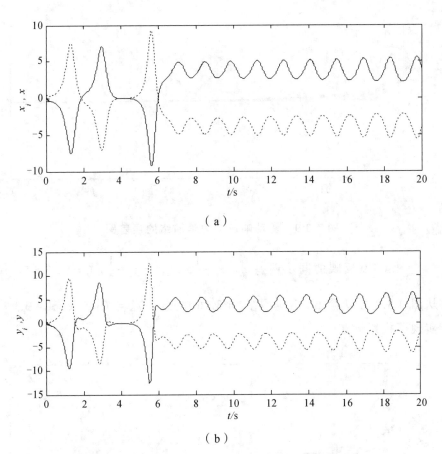

（a）

（b）

图 4.3.8　驱动响应动力学网络变量的时间历程图

图 4.3.8 也说明了仅对响应网络的一个节点施加控制器，驱动系统与响应网络的各节点依比例因子 $\alpha = -1$ 实现反同步，其中实线为响应网络各节点状态变量的时间历程曲线，虚线为驱动系统节点状态变量的时间历程曲线.

3）驱动响应动力学网络的投影同步

在响应动力学网络（4.3.16）中，取比例因子 $\alpha = 1/2$，驱动系统与响应动力学网络实现投影同步，仿真结果如图 4.3.9~4.3.11 所示.

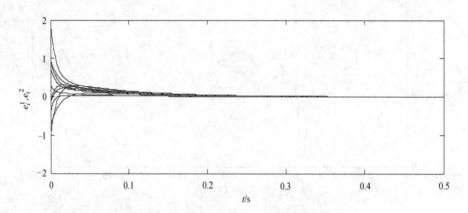

图 4.3.9　驱动响应动力学网络的误差图

图 4.3.9 反映的同步误差 $e_i^1 = x_i - \dfrac{1}{2}x$，$e_i^2 = y_i - \dfrac{1}{2}y$ $(i = 1,2,3,4,5)$，从图 4.3.9 可以看出，响应网络（4.3.16）的各节点与 Chu 系统（4.3.1）实现了投影同步.

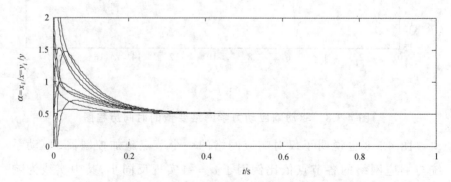

图 4.3.10　驱动响应网络的变量比 $x_i / x,\ y_i / y$ 的时间历程图

从图 4.3.10 可以看出，仅对响应网络的一个节点施加控制器，驱动系统与响应网络的各节点以预先给定的比例因子 $\alpha = 1/2$ 实现投影同步.

图 4.3.11 为驱动响应动力学网络投影同步时的相图，其中实线表示响应网络的相图，虚线表示驱动系统的相图，由于驱动系统与响应网络的各节点以比例因子 $\alpha = 1/2$ 实现投影同步，所以从相图上可以看出，驱动系统的相图大小是响应网络相图的 2 倍.

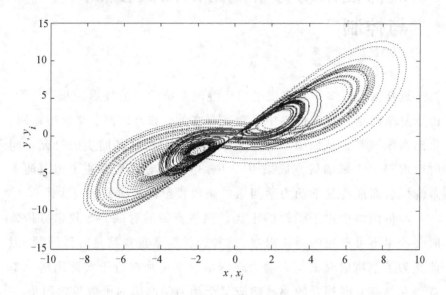

图 4.3.11 驱动响应动力学网络投影同步相图

5. 结论

本节首先以 Chu 系统为例介绍部分线性混沌（超混沌）系统，然后以部分线性混沌系统作为驱动系统，构造了响应动力学网络，进而研究了该驱动响应动力学网络的投影同步，得到了实现投影同步的充分条件，数学软件仿真结果也说明了同步准则的有效性.

此外，现实中的复杂网络节点很多，甚至有的节点难以发现，所以对所有节点实施牵制控制实现网络同步常常是不现实的，利用本节所设计的线性控制器只牵制响应网络的一个节点，从而实现这类驱动响应动力学网络投影同步的方法，在实际网络同步控制中具有一定参考价值.

5 时滞复杂动力学网络的函数投影同步与控制

近年来，许多学者实现了两个混沌系统的函数投影同步[108-110]，由于复杂网络在现实世界中是普遍存在的，如万维网、交通运输网、生态系统网等，从而引起了对复杂动力学网络及其同步的研究，同时也取得了丰硕的研究成果[111~114]，但是，对大量混沌（超混沌）系统耦合而成的复杂动力学网络的函数投影同步研究却较少.

通信网络中由于噪声的干扰、网络宽带的有限，导致信号传输时会产生不可避免的拥挤阻塞，这种拥挤阻塞现象就是时滞问题. 因此，为了使所研究的复杂动力学网络模型更加接近于实际网络，本章研究具有时滞耦合的驱动响应复杂动力学网络的函数投影同步.

本章共分为 3 节，分别为时变时滞复杂动力学网络的函数投影同步、混合时变时滞复杂动力学网络的函数投影同步、时变时滞和非时滞复杂动力学网络的函数投影同步.

5.1 时变时滞复杂动力学网络的函数投影同步

Hu 等人构造了驱动响应动力学网络，并实现了其投影同步，Zhang 等人[115]进一步实现了该类网络的函数投影同步. 虽然 Hu 等人和 Zhang 等人通过构造的驱动响应动力学网络模型，把两个混沌系统的投影同步推广到大量混沌（超混沌）系统耦合而成的复杂动力学网络的投影同步，但是他们所构造的驱动响应动力学网络模型只适合于驱动系统，且必须是部分线性系统.

然而，并非所有的混沌或超混沌系统都是部分线性系统，例如，蔡氏电路系统[116]

$$\begin{cases} \dot{x} = 7[y - x - h(x)] \\ \dot{y} = 0.35(x - y) + 0.5z \\ \dot{z} = -7y \end{cases}$$

式中，$h(x) = m_0 x + (m_1 - m_0)(|x+1| - |x-1|)/2$，$m_0 = -1/7$，$m_1 = -40/7$. 所以不能以蔡氏电路系统作为驱动系统，实现 Hu 等人构造的驱动响应动力学网络的函数投影同步. 因此，Hu 等人和 Zhang 等人构造的驱动响应动力学网络模型存在一定的缺陷性.

本节构造了另一类驱动响应动力学网络模型，这种驱动响应动力学网络中驱动系统可以不是部分线性系统，从而解决了 Hu 等人和 Zhang 等人提出的驱动响应动力学网络模型的局限性. 同时，由于噪声的干扰、网络宽带的有限，导致信号传输时产生拥挤阻塞，使得复杂网络中产生不可避免的时滞现象，所以为了使所研究的模型更加接近于现实中的复杂网络，本节研究时变时滞耦合的驱动响应复杂动力学网络的函数投影同步.

分别使用反馈控制器和自适应控制器，实现时变时滞耦合的驱动响应动力学网络的函数投影同步. 得到了几个使这种驱动响应动力学网络实现函数投影同步的充分条件. 此外，响应网络的耦合配置矩阵不需要对称，节点的动力学方程不需要满足 Lipschitz 条件.

1. 驱动响应动力学网络模型

不论是部分线性系统，还是非部分线性系统，所有的混沌系统的方程都可以表示为

$$\dot{x}(t) = Dx(t) + f[x(t)] \tag{5.1.1}$$

式中，$x = (x_1, x_2, \cdots, x_n)^{\mathrm{T}} \in R^n$ 是系统的状态向量；矩阵 $D \in R^{n \times n}$ 是常系数矩阵；$f(x) = [f_1(x), f_2(x), \cdots, f_n(x)]^{\mathrm{T}}$ 是连续的非线性向量函数.

以方程（5.1.1）作为驱动系统，构造时变时滞耦合的响应动力学网络，其动力学方程为

$$\dot{y}_i(t) = Dy_i(t) + f[y_i(t)] + \sum_{j=1}^{N} a_{ij} y_j[t - \tau(t)] + u_i(t) \qquad （5.1.2）$$

式中，$y_i(t) = [y_{i1}(t), y_{i2}(t), \cdots, y_{in}(t)]^T \in R^n$ 是响应网络的第 i 个节点的状态向量；矩阵 $D \in R^{n \times n}$ 和向量函数 $f[y_i(t)]: R \times R^n \to R^n$ 分别与驱动系统（5.1.1）中的矩阵 D 和向量函数 f 相同；$\tau(t)(>0)$ 为时变时滞；$u_i(t)$ 是加在响应网络的第 i 个节点上的控制器；矩阵 $A = (a_{ij})_{N \times N}$ 是响应网络的耦合配置矩阵，反映网络的基本拓扑结构和耦合强度，对矩阵 A 的元素定义是，如果响应网络的节点 i 和节点 j 相连，那么 $a_{ij} > 0$ $(i \neq j)$，否则 $a_{ij} = 0$；如果响应网络的节点 j 和节点 i 相连，那么 $a_{ji} > 0$ $(i \neq j)$，否则 $a_{ji} = 0$；对角线元素 $a_{ii} = -\sum_{i=1, i \neq j}^{N} a_{ij}$ $(i = 1, 2, \cdots, N)$.

现实世界中存在单向连接、双向连接或单双向混合连接的复杂网络，因此，为了使建立的模型更接近于现实中的复杂网络模型，本节不假设响应网络（5.1.2）的耦合配置矩阵必须对称.

2. 驱动响应动力学网络的函数投影同步

定义 5.1.1 若存在比例函数 $\alpha(t)$，使得

$$\lim_{t \to \infty} \|y_i(t) - \alpha(t)x(t)\| = 0 \quad (i = 1, 2, \cdots, N) \qquad （5.1.3）$$

则称驱动系统（5.1.1）和响应动力学网络（5.1.2）以比例函数 $\alpha(t)$ 实现了函数投影同步.

为了后面定理证明的需要，下面介绍一个向量不等式和一个假设条件.

引理 5.1.1[117] 对任意的向量 $x, y \in R^n$，有下面矩阵不等式成立.

$$2x^T y \leqslant x^T x + y^T y \qquad （5.1.4）$$

假设 5.1.1 假设时滞函数 $\tau(t)(>0)$ 是可微的，并且 $\dot{\tau}(t) \leqslant \eta < 1$，式

中 η 是正常数.

定义 5.1.2 驱动响应动力学网络（5.1.1）、（5.1.2）的同步误差为

$$e_i(t) = y_i(t) - \alpha(t)x(t) \quad (i = 1, 2, \cdots, N) \tag{5.1.5}$$

如果当 $t \to \infty$ 时，同步误差 $e_i(t) \to 0$，那么驱动响应动力学网络（5.1.1）、（5.1.2）实现了函数投影同步. 所以驱动响应动力学网络（5.1.1）、（5.1.2）的函数投影同步问题转化为了 $e_i(t)$ 的零解稳定性问题.

同步误差系统为

$$\dot{e}_i(t) = Dy_i(t) - \dot{\alpha}(t)x(t) - \alpha(t)\dot{x}(t)$$
$$+ f[y_i(t)] + \sum_{j=1}^{N} a_{ij} y_j [t - \tau(t)] + u_i(t)$$

根据耦合配置矩阵的对角线元素 $\sum_{j=1}^{N} a_{ij} = 0$，则有

$$\dot{e}_i(t) = Dy_i(t) - \dot{\alpha}(t)x(t) - \alpha(t)\dot{x}(t) + f[y_i(t)]$$
$$+ \sum_{j=1}^{N} a_{ij} y_j [t - \tau(t)] - \alpha(t)x[t - \tau(t)] \sum_{j=1}^{N} a_{ij} + u_i(t)$$

根据驱动系统（5.1.1）和误差定义式（5.1.5），则有

$$\dot{e}_i(t) = De_i(t) - \dot{\alpha}(t)x(t) - \alpha(t)f[x(t)] + f[y_i(t)]$$
$$+ \sum_{j=1}^{N} a_{ij} e_j [t - \tau(t)] + u_i(t) \tag{5.1.6}$$

1）通过反馈控制器实现函数投影同步

通过反馈控制器牵制响应动力学网络的所有节点，得到使驱动响应动力学网络（5.1.1）、（5.1.2）实现函数投影同步的充分条件.

定理 5.1.1 如果反馈控制器为

$$u_i(t) = \dot{\alpha}(t)x(t) + \alpha(t)f\left[x(t)\right] - f\left[y_i(t)\right] - ke_i(t) \tag{5.1.7}$$

$$(i = 1, 2, \cdots, N)$$

且反馈系数 $k > [\lambda_D + \frac{1}{2}\lambda_{A^{\mathrm{T}}A} + \frac{2-\eta}{2(1-\eta)}]$，那么驱动系统（5.1.1）和响应

动力学网络（5.1.2）能实现函数投影同步.

证明 构造 Lyapunov 函数为

$$V(t) = \frac{1}{2}\sum_{i=1}^{N} e_i^{\mathrm{T}}(t)e_i(t) + \frac{1}{2(1-\eta)}\sum_{i=1}^{N} \int_{t-\tau(t)}^{t} e_i^{\mathrm{T}}(\mu)e_i(\mu)\mathrm{d}\mu \tag{5.1.8}$$

易知 $V(t) \geqslant 0$. $V(t)$ 关于时间 t 的导数为

$$\dot{V}(t) = \sum_{i=1}^{N} e_i^{\mathrm{T}}(t)\dot{e}_i(t) + \frac{1}{2(1-\eta)}$$

$$\sum_{i=1}^{N}\left\{e_i^{\mathrm{T}}(t)e_i(t) - [1-\dot{\tau}(t)]e_i^{\mathrm{T}}\left[t-\tau(t)\right]e_i\left[t-\tau(t)\right]\right\} \tag{5.1.9}$$

把式（5.1.6）代入式（5.1.9）得

$$\dot{V}(t) = \sum_{i=1}^{N} e_i^{\mathrm{T}}(t)\left\{De_i(t) - \dot{\alpha}(t)x(t) - \alpha(t)f\left[x(t)\right] + f\left[y_i(t)\right] + \right.$$

$$\sum_{j=1}^{N} a_{ij}e_j\left[t-\tau(t)\right] + u_i(t)\right\} + \frac{1}{2(1-\eta)}\sum_{i=1}^{N}\left\{e_i^{\mathrm{T}}(t)e_i(t) - \right.$$

$$[1-\dot{\tau}(t)]e_i^{\mathrm{T}}\left[t-\tau(t)\right]e_i\left[t-\tau(t)\right]\right\} \tag{5.1.10}$$

把式（5.1.7）代入式（5.1.10）得

$$\dot{V}(t) = \sum_{i=1}^{N} e_i^{\mathrm{T}}(t)De_i(t) + \sum_{i=1}^{N}\sum_{j=1}^{N} a_{ij}e_i^{\mathrm{T}}(t)e_j\left[t-\tau(t)\right] - k\sum_{i=1}^{N} e_i(t)^{\mathrm{T}}e_i(t)$$

$$+ \frac{1}{2(1-\eta)}\sum_{i=1}^{N}\left\{e_i^{\mathrm{T}}(t)e_i(t) - [1-\dot{\tau}(t)]e_i^{\mathrm{T}}\left[t-\tau(t)\right]e_i\left[t-\tau(t)\right]\right\}$$

设 $e(t) = [e_1^T(t), e_2^T(t), \cdots, e_N^T(t)]^T$，则有

$$\dot{V}(t) \leq \lambda_D e^T(t)e(t) + e^T(t)Ae[t - \tau(t)]$$

$$-ke^T(t)e(t) + \frac{1}{2(1-\eta)}e^T(t)e(t)$$

$$-\frac{1}{2(1-\eta)}(1-\eta)e^T[t - \tau(t)]e[t - \tau(t)]$$

根据引理 5.1.1 得

$$\dot{V}(t) \leq \lambda_D e^T(t)e(t) + \frac{1}{2}e^T(t)A^T Ae(t) + \frac{1}{2}e^T[t - \tau(t)]e[t - \tau(t)]$$

$$-ke^T(t)e(t) + \frac{1}{2(1-\eta)}e^T(t)e(t) - \frac{1}{2}e^T[t - \tau(t)]e[t - \tau(t)]$$

$$\leq [\lambda_D + \frac{1}{2}\lambda_{A^T A} + \frac{2-\eta}{2(1-\eta)} - k]e^T(t)e(t)$$

取 $k \geq [\lambda_D + \frac{1}{2}\lambda_{A^T A} + \frac{2-\eta}{2(1-\eta)} + 1]$，则 $\dot{V}(t) \leq -e^T(t)e(t) \leq 0$，式中 λ_D 和 $\lambda_{A^T A}$ 分别是矩阵 D 和 $A^T A$ 的最大特征值. 根据 Lyapunov 稳定性定理，同步误差 $e_i(t)$ 的零解是渐近稳定的，所以驱动系统（5.1.1）和响应动力学网络（5.1.2）实现了函数投影同步.

推论 5.1.1　当 $\alpha(t)$ 为常数时，如果反馈控制器为

$$u_i(t) = \alpha(t)f[x(t)] - f[y_i(t)] - ke_i(t) \ (i = 1, 2, \cdots, N) \qquad (5.1.11)$$

且反馈系数 $k > [\lambda_D + \frac{1}{2}\lambda_{A^T A} + \frac{2-\eta}{2(1-\eta)}]$，那么驱动系统（5.1.1）和响应动力学网络（5.1.2）能以常数比例 $\alpha(t)$ 实现投影同步.

证明与定理 5.1.1 类似，这里不再赘述.

2）通过自适应控制器实现函数投影同步

定理 5.1.1 中采用反馈控制器, 得到驱动响应动力学网络实现函数投影同步的一个充分条件, 下面通过自适应控制器, 得到该驱动响应动力学网络实现函数投影同步的另一个充分条件.

定理 5.1.2 若驱动响应动力学网络 (5.1.2) 的各节点施加自适应控制器

$$
\begin{cases}
u_i(t) = \dot{\alpha}(t)x(t) + \alpha(t)f\big[x(t)\big] - f\big[y_i(t)\big] \\
\qquad\quad - k_i(t)e_i(t) \\
\dot{k}_i(t) = e_i^{\mathrm{T}}(t)e_i(t)
\end{cases}
$$

$$
(i = 1, 2, \cdots, N) \tag{5.1.12}
$$

则驱动系统 (5.1.1) 和响应动力学网络 (5.1.2) 能实现函数投影同步.

证明 构造 Lyapunov 函数为

$$
V(t) = \frac{1}{2}\sum_{i=1}^{N} e_i^{\mathrm{T}}(t)e_i(t) + \frac{1}{2}\sum_{i=1}^{N}\big[k_i(t) - lE\big]^{\mathrm{T}}\big[k_i(t) - lE\big]
$$

$$
+ \frac{1}{2(1-\eta)}\sum_{i=1}^{N}\int_{t-\tau(t)}^{t} e_i^{\mathrm{T}}(\mu)e_i(\mu)\mathrm{d}\mu \tag{5.1.13}
$$

式中, l 是待定的正常数; 向量 $E = (1, 1, \cdots, 1)^{\mathrm{T}} \in R^n$. 显然 $V(t) \geqslant 0$.

$V(t)$ 关于时间 t 的导数为

$$
\dot{V}(t) = \sum_{i=1}^{N} e_i^{\mathrm{T}}(t)\dot{e}_i(t) + \sum_{i=1}^{N} \dot{k}_i^{\mathrm{T}}(t)\big[k_i(t) - lE\big]
$$

$$
+ \frac{1}{2(1-\eta)}\sum_{i=1}^{N}\Big\{e_i^{\mathrm{T}}(t)e_i(t) - \big[1 - \dot{\tau}(t)\big]e_i^{\mathrm{T}}\big[t - \tau(t)\big]e_i\big[t - \tau(t)\big]\Big\}
$$

$$
\tag{5.1.14}
$$

把式 (5.1.6) 代入式 (5.1.14) 得

$$\dot{V}(t) = \sum_{i=1}^{N} e_i(t)^{\mathrm{T}} \Big\{ De_i(t) - \dot{\alpha}(t)x(t) - \alpha(t)f[x(t)] + f[y_i(t)]$$

$$+ \sum_{j=1}^{N} a_{ij}e_j[t - \tau(t)] + u_i(t) \Big\} + \sum_{i=1}^{N} \dot{k}_i^{\mathrm{T}}(t)[k_i(t) - lE]$$

$$+ \frac{1}{2(1-\eta)} \sum_{i=1}^{N} \Big\{ e_i^{\mathrm{T}}(t)e_i(t) - [1 - \dot{\tau}(t)]e_i^{\mathrm{T}}[t - \tau(t)]e_i[t - \tau(t)] \Big\}$$

$$(5.1.15)$$

把式（5.1.12）代入式（5.1.15）得

$$\dot{V}(t) = \sum_{i=1}^{N} e_i^{\mathrm{T}}(t) \Big\{ De_i(t) + \sum_{i=1}^{N}\sum_{j=1}^{N} a_{ij}e_i(t)e_j[t - \tau(t)] - \sum_{i=1}^{N} e_i^{\mathrm{T}}(t)k_i(t)e_i(t) \Big\}$$

$$+ \sum_{i=1}^{N} e_i^{\mathrm{T}}(t)e_i(t)[k_i(t) - lE]$$

$$+ \frac{1}{2(1-\eta)} \sum_{i=1}^{N} \Big\{ e_i^{\mathrm{T}}(t)e_i(t) - [1 - \dot{\tau}(t)]e_i^{\mathrm{T}}[t - \tau(t)]e_i[t - \tau(t)] \Big\}$$

设 $e(t) = [e_1^{\mathrm{T}}(t), e_2^{\mathrm{T}}(t), \cdots, e_N^{\mathrm{T}}(t)]^{\mathrm{T}}$ ，则有

$$\dot{V}(t) \leqslant \lambda_D e^{\mathrm{T}}(t)e(t) + e^{\mathrm{T}}(t)Ae[t - \tau(t)]$$

$$- le^{\mathrm{T}}(t)e(t) + \frac{1}{2(1-\eta)} e^{\mathrm{T}}(t)e(t)$$

$$- \frac{1}{2(1-\eta)}(1-\eta)e^{\mathrm{T}}[t - \tau(t)]e[t - \tau(t)]$$

根据引理 5.1.1 得

$$\dot{V}(t) \leqslant \lambda_D e^{\mathrm{T}}(t)e(t) + \frac{1}{2} e^{\mathrm{T}}(t)A^{\mathrm{T}}Ae(t) + \frac{1}{2} e^{\mathrm{T}}(t-\tau)e(t-\tau)$$

$$- le^{\mathrm{T}}(t)e(t) + \frac{1}{2(1-\eta)} e^{\mathrm{T}}(t)e(t) - \frac{1}{2} e^{\mathrm{T}}(t-\tau)e(t-\tau)$$

$$\leqslant \left[\lambda_D + \frac{1}{2}\lambda_{A^{\mathrm{T}}A} + \frac{1}{2(1-\eta)} - l \right] e^{\mathrm{T}}(t)e(t)$$

若取 $l \geqslant \left[\lambda_D + \frac{1}{2}\lambda_{A^{\mathrm{T}}A} + \frac{1}{2(1-\eta)} + 1 \right]$，则 $\dot{V}(t) \leqslant -e^{\mathrm{T}}(t)e(t) \leqslant 0$，式中 λ_D

和 $\lambda_{A^{\mathrm{T}}A}$ 分别是矩阵 D 和 $A^{\mathrm{T}}A$ 的最大特征值. 根据 Lyapunov 稳定性定理，同步误差 $e_i(t)$ 的零解是渐近稳定的，所以驱动系统（5.1.1）和响应动力学网络（5.1.2）能实现函数投影同步.

推论 5.1.2　若驱动响应动力学网络（5.1.2）的各节点施加自适应控制器

$$\begin{cases} u_i(t) = \alpha(t)f[x(t)] - f[y_i(t)] - k_i(t)e_i(t) \\ \dot{k}_i(t) = e_i^{\mathrm{T}}(t)e_i(t) \end{cases}$$

$$(i = 1, 2, \cdots, N) \tag{5.1.16}$$

式中比例函数 $\alpha(t)$ 是常数函数，则驱动系统（5.1.1）和响应动力学网络（5.1.2）以常数比例 $\alpha(t)$ 实现投影同步.

证明与定理 5.1.2 类似，这里不再赘述.

3. 数值仿真

对 1）和 2）中所得结论进行数值仿真时，选择 Lorenz 系统作为驱动系统，其动力学方程为

$$\begin{cases} \dot{x}_1 = \sigma(x_2 - x_1) \\ \dot{x}_2 = \gamma x_1 - x_1 x_3 - x_2 \\ \dot{x}_3 = x_1 x_2 - \rho x_3 \end{cases} \tag{5.1.17}$$

式中，σ，γ，ρ 为系统参数，当 $\sigma=10$，$\gamma=28$，$\rho=8/3$ 时，Lorenz 系统处于混沌状态，混沌吸引子如图 5.1.1 所示.

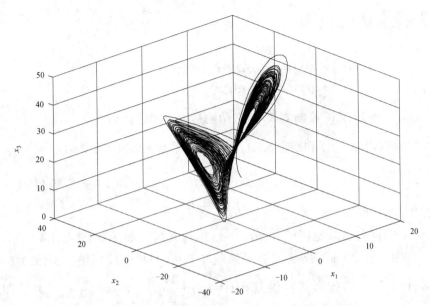

图 5.1.1 三维空间中 Lorenz 系统的混沌吸引子

把 Lorenz 系统的动力学方程（5.1.17）表示成方程（5.1.1）的形式 $\dot{x}(t) = Dx(t) + f[x(t)]$，则有

$$D = \begin{pmatrix} -10 & 10 & 0 \\ 28 & -1 & 0 \\ 0 & 0 & -8/3 \end{pmatrix}$$

$$f[x(t)] = \begin{pmatrix} 0 \\ -x_1 x_3 \\ x_1 x_2 \end{pmatrix}$$

不失一般性，取含有 3 个节点的响应动力学网络进行仿真，任取响应动力学网络的拓扑结构矩阵为

$$A = \begin{pmatrix} -3 & 2 & 1 \\ 0 & -1 & 1 \\ 2 & 0 & -2 \end{pmatrix} \tag{5.1.18}$$

根据假设 5.1.1，不妨设时滞函数为 $\tau(t) = e^t / 2(1+e^t)$，取 $\eta = 1/2$. 根据定义 5.1.2，驱动响应动力学网络（5.1.1）、（5.1.2）的

函数投影同步误差为

$$\boldsymbol{e}_i(t) = \begin{pmatrix} e_{i1}(t) \\ e_{i2}(t) \\ e_{i3}(t) \end{pmatrix} = \begin{pmatrix} y_{i1} - \alpha(t)x_1 \\ y_{i2} - \alpha(t)x_2 \\ y_{i3} - \alpha(t)x_3 \end{pmatrix} \quad (i = 1, 2, 3)$$

1）运用反馈控制器牵制驱动响应动力学网络

根据定理 5.1.1 和推论 5.1.1，因为反馈系数 k 必须满足 $k > [\lambda_D + \frac{1}{2}\lambda_{A^{\mathrm{T}}A}$ $+ \frac{2-\eta}{2(1-\eta)}]$，通过计算得 $\lambda_D = 11.827\,7$，$\lambda_{A^{\mathrm{T}}A} = 19.549\,8$，所以 $k >$ 23.102\,6. 取 $k = 24$.

（1）首先选取比例函数 $\alpha(t) = -1/2$，仿真结果如图 5.1.2~5.1.4 所示.

图 5.1.2（a）反映了驱动系统（5.1.1）和响应网络（5.1.2）的第 1 个节点的投影同步误差 $e_1(t) = (y_{11} + \frac{1}{2}x_1, y_{12} + \frac{1}{2}x_2, y_{13} + \frac{1}{2}x_3)^{\mathrm{T}}$，图 5.1.2（b）反映了驱动系统（5.1.1）和响应网络（5.1.2）的第 2 个节点的投影同步误差 $e_2(t) = (y_{21} + \frac{1}{2}x_1, y_{22} + \frac{1}{2}x_2, y_{23} + \frac{1}{2}x_3)^{\mathrm{T}}$，图 5.1.2（c）反映了驱动系统（5.1.1）和响应网络（5.1.2）的第 3 个节点的投影同步误差 $e_3(t) = (y_{31} + \frac{1}{2}x_1, y_{32} + \frac{1}{2}x_2, y_{33} + \frac{1}{2}x_3)^{\mathrm{T}}$.

从图 5.1.2 可以看出，投影同步误差轨线很快趋于零，说明驱动系统（5.1.1）和响应网络（5.1.2）在反馈控制器（5.1.11）作用下，能够实现投影同步.

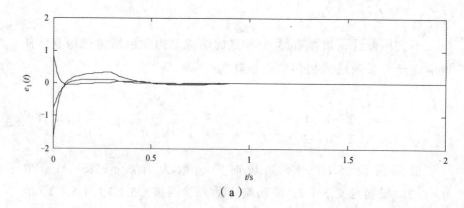

（a）

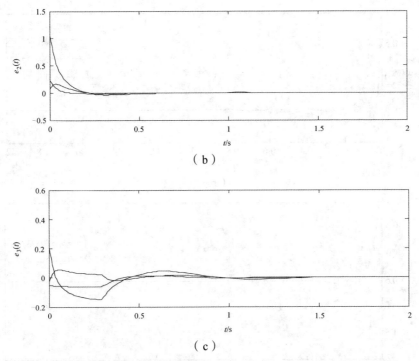

（b）

（c）

图 5.1.2　驱动响应动力学网络（5.1.1）、（5.1.2）的投影同步误差

$$e_i(t) = y_i(t) + \frac{1}{2}x(t)$$

从图 5.1.3 可以看出，比值 $y_i / x\ (i = 1, 2, 3)$ 很快地趋向于比例函数 $\alpha(t) = -1/2$，即驱动系统（5.1.1）和响应网络（5.1.2）依比例 $-1/2$ 实现了投影同步.

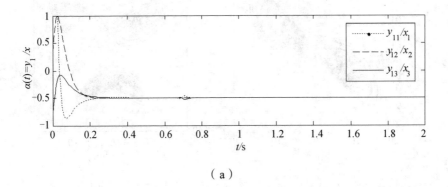

（a）

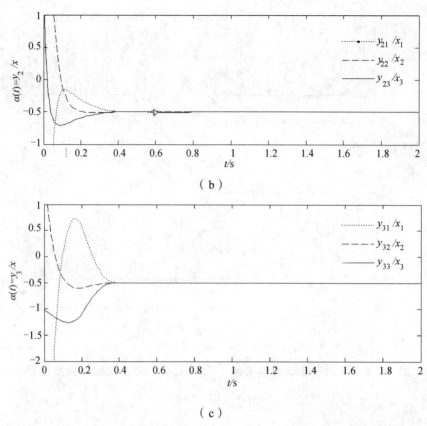

图 5.1.3　比例函数 $\alpha(t)=y_i / x\ (i=1,2,3)$ 的时间演变图

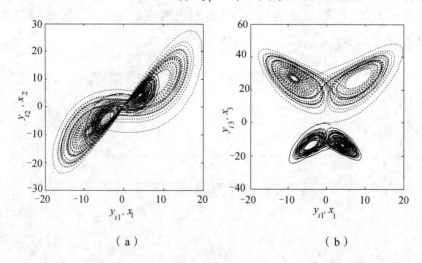

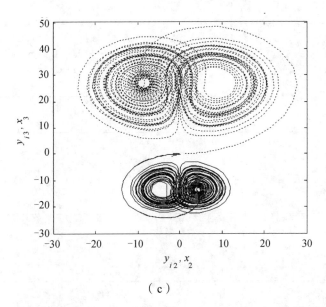

（c）

图 5.1.4 驱动响应动力学网络（5.1.1）、（5.1.2）以 $-1/2$ 实现投影同步的相图

图 5.1.4 为驱动响应动力学网络投影同步时的相图，其中实线表示响应网络的相图，虚线表示驱动系统的相图，由于驱动系统与响应网络的各节点以比例因子 $\alpha = -1/2$ 实现投影同步，所以从相图中可以看出，驱动系统的相图大小是响应网络相图的 2 倍，同时因为比例因子为负数，所以驱动系统和响应网络的相图成反相位.

（2）然后选取比例函数 $\alpha(t) = \ln(t+1)$，仿真结果如图 5.1.5~5.1.7 所示.

图 5.1.5（a）反映了驱动系统（5.1.1）和响应网络（5.1.2）的第 1 个节点的函数投影同步误差 $e_1(t) = \{y_{11} - [\ln(t+1)]x_1, y_{12} - [\ln(t+1)]x_2, y_{13} - [\ln(t+1)]x_3\}^{\mathrm{T}}$，图 5.1.5（b）反映了驱动系统（5.1.1）和响应网络（5.1.2）的第 2 个节点的函数投影同步误差 $e_2(t) = \{y_{21} - [\ln(t+1)]x_1, y_{22} - [\ln(t+1)]x_2, y_{23} - [\ln(t+1)]x_3\}^{\mathrm{T}}$，图 5.1.5（c）反映了驱动系统（5.1.1）和响应网络（5.1.2）的第 3 个节点的函数投影同步误差 $e_3(t) = \{y_{31} - [\ln(t+1)]x_1, y_{32} - [\ln(t+1)]x_2, y_{33} - [\ln(t+1)]x_3\}^{\mathrm{T}}$.

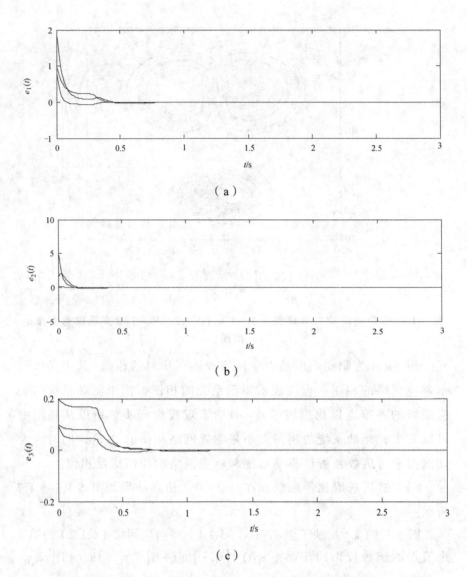

（a）

（b）

（c）

图 5.1.5　驱动响应动力学网络（5.1.1）、（5.1.2）的函数投影同步误差

$$e_i(t) = y_i(t) - [\ln(t+1)]x(t) \quad (i = 1, 2, 3)$$

从图 5.1.5 中可以看出，函数投影同步误差轨线很快趋于零，说明驱动系统（5.1.1）和响应网络（5.1.2）在反馈控制器（5.1.7）作用下，能够实现函数投影同步.

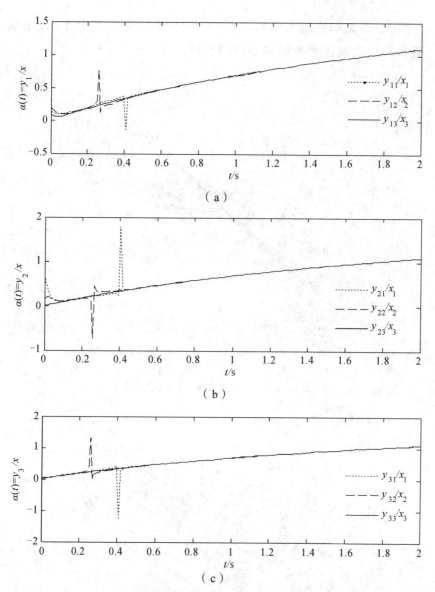

图 5.1.6 比例函数 $\alpha(t) = y_i / x \, (i = 1, 2, 3)$ 的时间序列图

从图 5.1.6 中可以看出，比值 $y_i / x \, (i = 1, 2, 3)$ 很快地趋向于比例函数 $\alpha(t) = \ln(t+1)$，即驱动系统（5.1.1）和响应网络（5.1.2）以函数比例 $\ln(t+1)$ 实现函数投影同步.

图 5.1.7 是响应动力学网络（5.1.2）与驱动系统（5.1.1）以函数比例 $\ln(t+1)$ 实现函数投影同步时的相图.

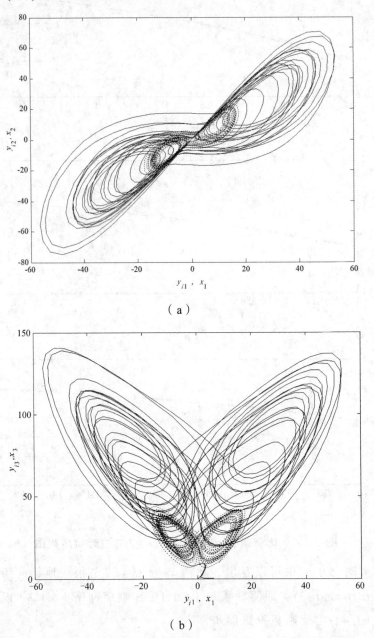

（a）

（b）

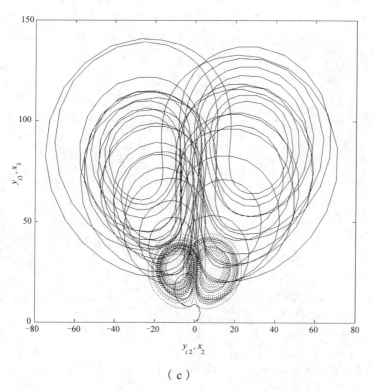

（c）

图 5.1.7 驱动响应动力学网络（5.1.1）、（5.1.2）实现函数投影同步时的相图

2）运用自适应控制器牵制驱动响应动力学网络

取比例函数 $\alpha(t) = -\sqrt[3]{t+1}$，对响应动力学网络的各节点施加自适应控制器（5.1.12），驱动系统（5.1.1）和响应动力学网络（5.1.2）以函数比例 $-\sqrt[3]{t+1}$ 实现函数投影同步. 仿真结果如图 5.1.8~5.1.10 所示.

图 5.1.8（a）反映了驱动系统（5.1.1）和响应网络（5.1.2）的第 1 个节点的函数投影同步误差 $e_1(t) = (y_{11} + \sqrt[3]{t+1}x_1, y_{12} + \sqrt[3]{t+1}x_2, y_{13} + \sqrt[3]{t+1}x_3)^T$，图 5.1.8（b）反映了驱动系统（5.1.1）和响应网络（5.1.2）的第 2 个节点的函数投影同步误差 $e_2(t) = (y_{21} + \sqrt[3]{t+1}x_1, y_{22} + \sqrt[3]{t+1}x_2, y_{23} + \sqrt[3]{t+1}x_3)^T$，图 5.1.8（c）反映了驱动系统（5.1.1）和响应网络（5.1.2）的第 3 个节点的函数投影同步误差 $e_3(t) = (y_{31} + \sqrt[3]{t+1}x_1, y_{32} + \sqrt[3]{t+1}x_2, y_{33} + \sqrt[3]{t+1}x_3)^T$.

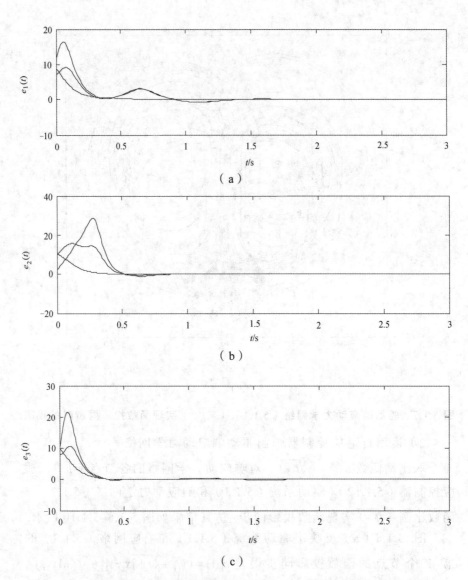

图 5.1.8　驱动响应动力学网络（5.1.1）、（5.1.2）的函数投影同步误差

$$e_i(t) = y_i(t) + \sqrt[3]{t+1}x(t) \quad (i=1,2,3)$$

从图 5.1.8 中可以看出，函数投影同步误差轨线很快趋于零，说明驱动系统（5.1.1）和响应网络（5.1.2）在自适应控制器（5.1.12）作用下，能够实现函数投影同步.

从图 5.1.9 中可以看出，$y_i/x\,(i=1,2,3)$ 的比值很快地趋向于比例函数 $\alpha(t)=-\sqrt[3]{t+1}$，即驱动系统（5.1.1）和响应网络（5.1.2）依函数比例 $-\sqrt[3]{t+1}$ 实现了函数投影同步.

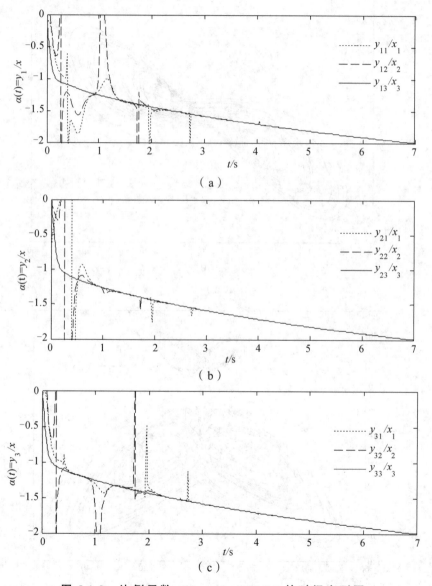

图 5.1.9　比例函数 $\alpha(t)=y_i/x\,(i=1,2,3)$ 的时间序列图

　　图 5.1.10 是驱动系统（5.1.1）和响应动力学网络（5.1.2）以函数比例 $-\sqrt[3]{t+1}$ 实现函数投影同步时的相图.

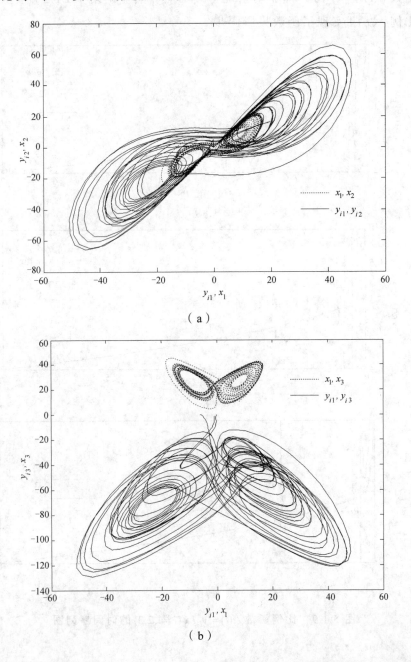

（a）

（b）

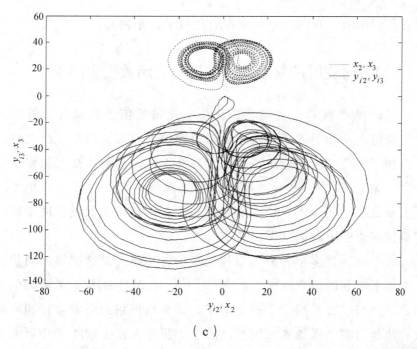

（c）

图 5.1.10　驱动响应动力学网络（5.1.1）、（5.1.2）以比例 $-\sqrt[3]{t+1}$ 实现函数 投影同步的相图

4. 结论

本节首先介绍驱动响应动力学网络模型，其驱动系统不要求为部分线性混沌系统，这样所介绍的模型具有普适性．同时，由于噪声的干扰、网络宽带的有限，使得复杂网络中产生不可避免的时滞现象，所以，为了使所研究的模型更加接近于实际的复杂网络，本节构造了时变时滞耦合的驱动响应复杂动力学网络．

然后，分别用两种牵制控制策略——反馈控制和自适应控制实现了该驱动响应动力学网络的函数投影同步．得到了几个实现了该驱动响应动力学网络函数投影同步的同步准则．最后，利用数学软件数值仿真，仿真的结果也证明了所得到的同步准则的有效性．

此外，响应动力学网络的拓扑结构和耦合强度的矩阵不需要对称，节点的动力系统不需要满足较强的 Lipschitz 条件，因此，该模型适合于单向、双向、单双向混合连接的复杂网络.

5.2　混合时变时滞复杂动力学网络的函数投影同步

　　混沌在物理学、生物学、化学、保密通信等领域具有潜在的应用价值, 从而引起了许多学者对混沌理论及其应用的广泛关注, 并得到了大量的研究成果, 提出了许多混沌同步的方法, 如完全同步[54]、相同步[96]、滞后同步[97]、广义同步[55]等. 近年来有学者又提出函数投影同步[56,95], 与其他同步类型相比, 函数投影同步可以使得保密通信中的信息更加安全.

　　近年来, 许多学者利用混沌同步的方法研究复杂网络的同步, 并取得了丰硕的研究成果[93,118,119,120,121]. 文献[104]构造了驱动响应动力学网络模型并研究了投影同步, 即响应网络的各节点以相同的常数比例与驱动系统实现同步. 随后, 张等人在文献[115]中研究了文献[104]中构造的驱动响应网络模型并实现了其函数投影同步, 即响应网络的各节点以相同的函数比例与驱动系统同步.

　　文献[104,105]中研究的驱动响应动力学网络模型的不足在于驱动系统必须是部分线性混沌系统, 响应动力学网络是由混沌系统的线性部分为节点耦合而成的, 并且响应动力学网络的节点维数比驱动系统的维数低一维. 如果驱动系统是非部分线性混沌系统（如蔡氏电路系统[116]）, 那么就不能构造出文献[104]中介绍的驱动响应动力学网络模型. 因此, 该模型在通用性上有很大的局限性. 本节提出了另一类驱动响应动力学网络模型, 该模型中驱动系统可以是部分线性混沌系统也可以是非部分线性混沌系统, 并且响应动力学网络的各节点和驱动系统具有相同的维数.

　　由于噪声、信号传输的拥挤阻塞等因素, 复杂动力学网络中普遍存在时滞现象, 并且时滞也会随时间发生变化, 同时不同节点的时滞函数可能不相同, 所以本节研究具有混合时变时滞的驱动响应动力学网络的函数投影同步.

1. 具有混合时变时滞的驱动响应动力学网络模型

考虑任意非线性动力系统：

$$\dot{x}(t) = Dx(t) + f[x(t)] \tag{5.2.1}$$

式中，$x(t) = [x_1(t), x_2(t), \cdots, x_m(t)]^{\mathrm{T}} \in R^m$ 表示 m 维的状态向量，系数矩阵 $D \in R^{m \times m}$ 是常数矩阵，$f[x(t)] = \{f_1[x(t)], f_2[x(t)], \cdots, f_m[x(t)]\}^{\mathrm{T}}$ 是连续的非线性向量函数.

以式（5.2.1）作为驱动系统，考虑含有 N（$N \geqslant 3$）个节点且具有混合时变时滞的受控响应动力学网络，其中第 i 个节点的状态方程为

$$\dot{y}_i(t) = Dy_i(t) + f[y_i(t)] + \sum_{j=1}^{N} a_{ij} \overline{y_j[t - \tau(t)]} + u_i(t) \tag{5.2.2}$$

式中，$y_i(t) = [y_{i1}(t), y_{i2}(t), \cdots, y_{im}(t)]^{\mathrm{T}} \in R^m$ 是响应动力学网络的第 i 个节点的状态向量，$\overline{y_j[t - \tau(t)]} = \{y_{j1}[t - \tau_1(t)], y_{j2}[t - \tau_2(t)], \cdots, y_{jm}[t - \tau_m(t)]\}^{\mathrm{T}}$，$\tau_s(t) > 0$（$s = 1, 2, \cdots, m$）是时滞函数；矩阵 $D \in R^{m \times m}$ 与（5.2.1）中的矩阵 D 相同；f 是连续函数与（5.2.1）中的函数 f 是相同；$u_i(t)$ 是加在第 i 个节点上的自适应控制器，$A = (a_{ij})_{N \times N}$ 是耦合配置矩阵，反映了响应网络的基本拓扑结构和节点间的耦合强度. 若节点 i 和节点 j（$i \neq j$）连接，则 $a_{ij} > 0$，并且 a_{ij} 越大，表明节点 i 对节点 j 的耦合强度越大，若节点 i 和节点 j（$i \neq j$）不相连接，则 $a_{ij} = 0$，$A = (a_{ij})_{N \times N}$ 的对角线元素为

$$a_{ii} = -\sum_{i \neq j, j=1}^{N} a_{ij} \tag{5.2.3}$$

根据耦合配置矩阵 $A = (a_{ij})_{N \times N}$ 的定义可知，双向连接的网络的耦

合配置矩阵是对称矩阵，而单向连接的网络的耦合配置矩阵是不对称矩阵．因为现实世界中存在单向、双向、单双向混合连接的复杂网络，如万维网是单向连接的网络，人际关系网是双向网络，所以为了使所研究的模型更接近于现实中的复杂网络，本节不假设耦合配置矩阵 $A = (a_{ij})_{N \times N}$ 必须为对称矩阵．

定义 5.2.1 对于比例函数 $\alpha(t)$，若有

$$\lim_{t \to \infty} \| y_i(t) - \alpha(t) x(t) \| = 0 \quad (i = 1, 2, \cdots, N) \tag{5.2.4}$$

则称驱动系统（5.2.1）和响应动力学网络（5.2.2）依比例函数 $\alpha(t)$ 实现了函数投影同步．

当 $\alpha_i(t) = 1$ 时，称它们实现了完全同步；当 $\alpha_i(t) = -1$ 时，称它们实现了反同步.这些都是函数投影同步的特殊情况．

为了证明定理 5.2.1 的需要，先给出以下引理与假设．

引理[117] 5.2.1 对任意的向量 $x, y \in R^n$，有下面矩阵不等式成立

$$2x^T y \leqslant x^T x + y^T y$$

假设 5.2.1 假设时滞函数 $\tau_s(t) \, (s = 1, 2, \cdots, m)$ 可微并且满足 $\dot{\tau}_s(t) \leqslant \eta < 1$，式中 η 是正常数．

2. 驱动响应动力学网络的函数投影同步控制

令驱动响应动力学网络的函数投影同步误差为

$$e_i(t) = y_i(t) - \alpha(t) x(t) \quad (i = 1, 2, \cdots, N) \tag{5.2.5}$$

式中，$e_i(t) = [e_{i1}(t), e_{i2}(t), \cdots, e_{im}(t)]^T$．

根据定义 5.2.1，当 $t \to \infty$ 时，有误差 $e_i(t) \to 0$，则称驱动系统（5.2.1）和响应动力学网络（5.2.2）依比例函数 $\alpha(t)$ 实现函数投影同步．把研究驱动响应动力学网络的函数投影同步问题转化为研究 $e_i(t)$ 的零解稳定性问题．

由式（5.2.1）、（5.2.2）、（5.2.5）可得到带有自适应控制器的误差系统为

$$\dot{e}_i(t) = Dy_i(t) - \dot{\alpha}(t)x(t) - \alpha(t)\dot{x}(t) + f\left[y_i(t)\right]$$
$$+ \sum_{j=1}^{N} a_{ij} \overline{y_j\left[t - \tau(t)\right]} + u_i(t)$$

根据 $\sum_{j=1}^{N} a_{ij} = 0$，则有

$$\dot{e}_i(t) = Dy_i(t) - \dot{\alpha}(t)x(t) - \alpha(t)\dot{x}(t) + f\left[y_i(t)\right]$$
$$+ \sum_{j=1}^{N} a_{ij} \overline{y_j\left[t - \tau(t)\right]} - \alpha(t)\overline{x\left[t - \tau(t)\right]} \sum_{j=1}^{N} a_{ij} + u_i(t)$$
$$= De_i(t) - \dot{\alpha}(t)x(t) - \alpha(t)f\left[x(t)\right] + f\left[y_i(t)\right]$$
$$+ \sum_{j=1}^{N} a_{ij} \overline{e_j\left[t - \tau(t)\right]} + u_i(t) \qquad (5.2.6)$$

定理 5.2.1 如果响应动力网络（5.2.2）的各节点施加自适应控制器：

$$\begin{cases} u_i(t) = \dot{\alpha}(t)x(t) + \alpha(t)f\left[x(t)\right] \\ \qquad - f\left[y_i(t)\right] - k_i(t)e_i(t) \\ \dot{k}_i(t) = e_i^{\mathrm{T}}(t)e_i(t) \end{cases}$$

$$(i = 1, 2, \cdots, N) \qquad (5.2.7)$$

那么 $e_i(t)$ 的零解是渐近稳定性的，即驱动系统（5.2.1）和响应网络（5.2.2）能依比例函数 $\alpha(t)$ 实现函数投影同步.

证明 构造 Lyapunov-Krasovskii 函数为

$$V(t) = \frac{1}{2}\sum_{i=1}^{N} e_i^{\mathrm{T}}(t)e_i(t) + \frac{1}{2}\sum_{i=1}^{N}\left[k_i(t) - k\right]^{\mathrm{T}}\left[k_i(t) - kE\right]$$
$$+ \frac{1}{2(1-\eta)}\sum_{i=1}^{N}\sum_{s=1}^{m}\int_{t-\tau_s(t)}^{t} e_{is}^2(\mu)\mathrm{d}\mu \qquad (5.2.8)$$

式中，k 是正常数；$E = [1,1,\cdots,1]^{\mathrm{T}} \in R^n$. 显然 $V(t) \geqslant 0$. 则有

$$\dot{V}(t) = \sum_{i=1}^{N} e_i^{\mathrm{T}}(t) \dot{e}_i(t) + \sum_{i=1}^{N} \dot{k}_i^{\mathrm{T}}(t)[k_i(t) - kE]$$

$$+ \frac{1}{2(1-\eta)} \sum_{i=1}^{N} \sum_{s=1}^{m} \left\{ e_{is}^2(t) - [1 - \dot{\tau}_s(t)] e_{is}^2[t - \tau_s(t)] \right\} \qquad (5.2.9)$$

把式（5.2.6）代入式（5.2.9）得

$$\dot{V}(t) = \sum_{i=1}^{N} e_i(t)^{\mathrm{T}} \left\{ De_i(t) - \dot{\alpha}(t)x(t) - \alpha(t)f[x(t)] + f[y_i(t)] + \right.$$

$$\left. \sum_{j=1}^{N} a_{ij} \overline{e_j[t - \tau(t)]} + u_i(t) \right\} + \sum_{i=1}^{N} \dot{k}_i^{\mathrm{T}}(t)[k_i(t) - kE]$$

$$+ \frac{1}{2(1-\eta)} \sum_{i=1}^{N} \sum_{s=1}^{m} \left\{ e_{is}^2(t) - [1 - \dot{\tau}_s(t)] e_{is}^2[t - \tau_s(t)] \right\} \qquad (5.2.10)$$

把式（5.2.7）代入式（5.2.10）中并根据假设 5.2.1 可得

$$\dot{V}(t) \leqslant \sum_{i=1}^{N} e_i^{\mathrm{T}}(t) De_i(t) + \sum_{i=1}^{N} \sum_{j=1}^{N} a_{ij} e_i^{\mathrm{T}}(t) \overline{e_j[t - \tau(t)]} - \sum_{i=1}^{N} e_i^{\mathrm{T}}(t) k_i(t) e_i(t)$$

$$+ \sum_{i=1}^{N} e_i^{\mathrm{T}}(t) e_i(t)[k_i(t) - kE]$$

$$+ \frac{1}{2(1-\eta)} \sum_{i=1}^{N} \left\{ e_i^{\mathrm{T}}(t) e_i(t) - (1-\eta) \overline{e_i[t - \tau(t)]}^{\mathrm{T}} \overline{e_i[t - \tau(t)]} \right\}$$

设 $e(t) = [e_1^{\mathrm{T}}(t), e_2^{\mathrm{T}}(t), \cdots, e_N^{\mathrm{T}}(t)]^{\mathrm{T}}$ 可得

$$\dot{V}(t) \leqslant \lambda_D e^{\mathrm{T}}(t) e(t) + e^{\mathrm{T}}(t) A \overline{e[t - \tau(t)]}$$

$$- k e^{\mathrm{T}}(t) e(t) + \frac{1}{2(1-\eta)} e^{\mathrm{T}}(t) e(t)$$

$$-\frac{1}{2(1-\eta)}(1-\eta)\overline{e[t-\tau(t)]}^{\mathrm{T}}\overline{e[t-\tau(t)]}$$

根据引理 5.2.1 可得

$$\dot{V}(t)\leqslant\lambda_D e^{\mathrm{T}}(t)e(t)+\frac{1}{2}e^{\mathrm{T}}(t)AA^{\mathrm{T}}e(t)+\frac{1}{2}\overline{e[t-\tau(t)]}^{\mathrm{T}}\overline{e[t-\tau(t)]}$$

$$-ke^{\mathrm{T}}(t)e(t)+\frac{1}{2(1-\eta)}e^{\mathrm{T}}(t)e(t)-\frac{1}{2}\overline{e[t-\tau(t)]}^{\mathrm{T}}\overline{e[t-\tau(t)]}$$

$$\leqslant\left[\lambda_D+\frac{1}{2}\lambda_{AA^{\mathrm{T}}}+\frac{1}{2(1-\eta)}-k\right]e^{\mathrm{T}}(t)e(t)$$

式中，λ_D 和 $\lambda_{AA^{\mathrm{T}}}$ 分别是矩阵 D 和 AA^{T} 的最大特征值. 取 $k>\lambda_D+\frac{1}{2}\lambda_{AA^{\mathrm{T}}}+\frac{1}{2(1-\eta)}+1$，则 $\dot{V}(t)\leqslant-e^{\mathrm{T}}(t)e(t)\leqslant0$. 根据 Lyapunov 稳定性定理，可知 $e_i(t)$ 的零解是渐近稳定的，即驱动系统（5.2.1）和响应网络（5.2.2）能依比例函数 $\alpha(t)$ 实现函数投影同步.

基于定理 5.2.1，将比例函数 $\alpha(t)$ 取为常数函数，可得到下面的推论 5.2.1.

推论 5.2.1 如果比例函数 $\alpha(t)$ 是常数函数，响应动力网络（5.2.2）的各节点施加自适应控制器

$$\begin{cases}u_i(t)=\alpha(t)f[x(t)]-f[y_i(t)]-k_i(t)e_i(t)\\ \dot{k}_i(t)=e_i^{\mathrm{T}}(t)e_i(t)\end{cases}$$

$$(i=1,2,\cdots,N) \tag{5.2.11}$$

那么驱动系统（5.2.1）和响应网络（5.2.2）能依常数函数 $\alpha(t)$ 实现投影同步推论与定理的证明过程十分相似，这里不再赘述.

3. 数值仿真

不失一般性，考虑含有 3 个节点的响应网络，其中驱动系统为 Lorenz 混沌系统，其动力学方程描述为

$$\begin{cases} \dot{x}_1 = \sigma(x_2 - x_1) \\ \dot{x}_2 = \rho x_1 - x_1 x_3 - x_2 \\ \dot{x}_3 = x_1 x_2 - \gamma x_3 \end{cases} \quad (5.2.12)$$

式中，σ，ρ，γ 是参数.当 $\sigma=10$、$\rho=28$、$\gamma=8/3$ 时，系统处于混沌状态.

对 Lorenz 系统，根据式（5.2.1）有

$$D = \begin{pmatrix} -10 & 10 & 0 \\ 28 & -1 & 0 \\ 0 & 0 & 8/3 \end{pmatrix}$$

$$f(x) = \begin{pmatrix} 0 \\ -x_1 x_3 \\ x_1 x_2 \end{pmatrix}$$

由于响应网络的耦合配置矩阵不要求必须是对称矩阵，所以不妨设其耦合配置矩阵 A 为

$$A = \begin{pmatrix} -3 & 2 & 1 \\ 0 & -2 & 2 \\ 2 & 3 & -5 \end{pmatrix}$$

由于假设 5.2.1 时变时滞向量函数 $\tau(t)$ 的各分量可微且满足 $\dot{\tau}_s(t) \leqslant \eta < 1 \ (s = 1,2,\cdots,m)$，所以不妨设式（5.2.2）中的混合时变时滞向量为

$$\tau(t) = [e^t/(1+e^t), e^t/2(1+e^t), e^t/3(1+e^t)]^{\mathrm{T}}$$

根据驱动响应动力学网络的函数投影同步误差定义式（5.2.5）有

$$e_i(t) = \begin{pmatrix} e_{i1}(t) \\ e_{i2}(t) \\ e_{i3}(t) \end{pmatrix} = \begin{pmatrix} y_{i1} - \alpha(t)x_1 \\ y_{i2} - \alpha(t)x_2 \\ y_{i3} - \alpha(t)x_3 \end{pmatrix} \quad (i = 1,2,3)$$

当对响应网络的各节点不施加自适应控制器 $u_i(t)$ 时，响应网络的各节点和驱动系统的误差如图 5.2.1 所示，可以看出当 $t \to \infty$ 时，误差 $e_i(t)$ 不趋向于 0，即对响应网络的各节点不施加自适应控制器 $u_i(t)$ 时，响应网络的各节点和驱动系统不能实现同步.

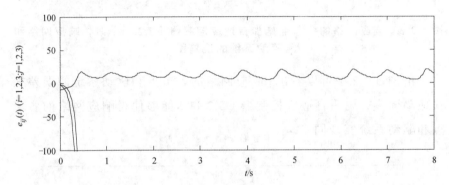

图 5.2.1　对响应网络不施加自适应控制器时，响应网络和驱动系统的误差图

下面取式（5.2.2）中的控制器 $u_i(t)$ 分别为推论 5.2.1 和定理 5.2.1 中的自适应控制器进行数值仿真.

1）给响应动力学网络（5.2.2）的各节点施加自适应控制器（5.2.11）

不妨选择比例函数 $\alpha(t) = -1/2$（常数函数），仿真结果如图 5.2.2~5.2.4 所示. 图 5.2.2 反映了给响应网络的各节点施加自适应控制器（5.2.11）时，响应网络的各节点和驱动系统的误差的图，其中响应网络第一个节点和驱动系统的误差为 $e_{11} = y_{11} + x_1/2$，$e_{12} = y_{12} + x_2/2$，$e_{13} = y_{13} + x_3/2$；响应网络第二个节点和驱动系统的误差为 $e_{21} = y_{21} + x_1/2$，$e_{22} = y_{22} + x_2/2$，$e_{23} = y_{23} + x_3/2$；响应网络第三个节点和驱动系统的误差为 $e_{31} = y_{31} + x_1/2$，$e_{32} = y_{32} + x_2/2$，$e_{33} = y_{33} + x_3/2$.

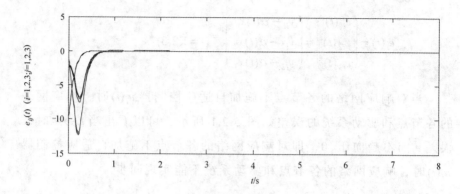

图 5.2.2　响应网络的各节点施加自适应控制器（5.2.11）时，响应网络和驱动系统的误差图

由图 5.2.2 中可以看出，响应网络的各节点和驱动系统的误差很快地趋向零，说明自适应控制器（5.2.11）能够使得响应网络的各节点和驱动系统实现同步.

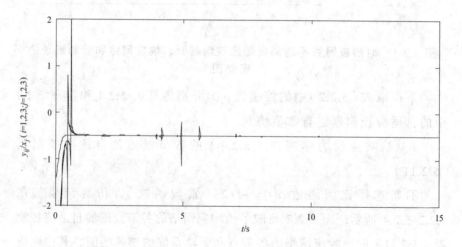

图 5.2.3　$y_{ij}/x_j(i=1,2,3;j=1,2,3)$ 随时间的演变图

从图 5.2.3 中可以看出，$y_{ij}/x_j(i=1,2,3;j=1,2,3)$ 的值趋向比例函数 $\alpha(t)=-1/2$，也就是说，响应网络的各节点与驱动系统依比例函数 $\alpha(t)=-1/2$ 实现了投影同步.

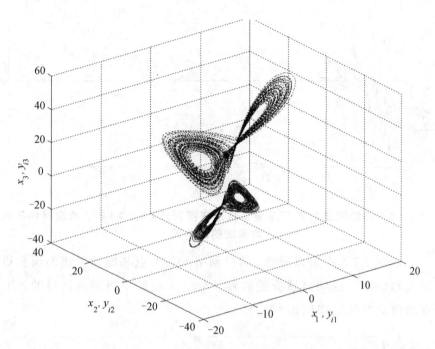

图 5.2.4　驱动系统与响应网络依比例函数 $\alpha(t)=-1/2$ 实现投影同步时的相图

图 5.2.4 是驱动系统和响应网络的相图,可以看到驱动系统与响应网络依 2:1 的比例大小实现了反相位同步. 图中实线为响应网络的相图,虚线为驱动系统的相图.

2)给响应动力学网络(5.2.2)的各节点施加自适应控制器(5.2.7)

不妨选择比例函数 $\alpha(t)=\sin(t)$,仿真结果如图 5.2.5、5.2.6 所示. 图 5.2.5 反映了给响应网络的各节点施加自适应控制器(5.2.7)时,响应网络的各节点和驱动系统的误差随时间的演变图,其中响应网络第一个节点和驱动系统的误差为 $e_{11}=y_{11}-\sin(t)x_1$, $e_{12}=y_{12}-\sin(t)x_2$, $e_{13}=y_{13}-\sin(t)x_3$;响应网络第二个节点和驱动系统的误差为 $e_{21}=y_{21}-\sin(t)x_1$, $e_{22}=y_{22}-\sin(t)x_2$, $e_{23}=y_{23}-\sin(t)x_3$;响应网络第三个节点和驱动系统的误差为 $e_{31}=y_{31}-\sin(t)x_1$, $e_{32}=y_{32}-\sin(t)x_2$, $e_{33}=y_{33}-\sin(t)x_3$.

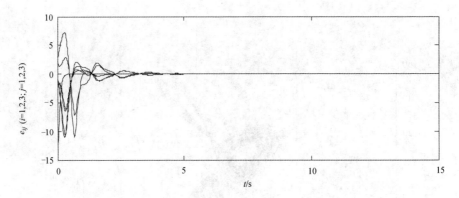

图 5.2.5 响应网络的各节点施加自适应控制器（5.2.7）时，响应网络和驱动系统的误差图

从图 5.2.5 中可以看出，响应网络的各节点和驱动系统的误差很快地趋向零，说明自适应控制器（5.2.7）能够使得响应网络的各节点和驱动系统实现同步.

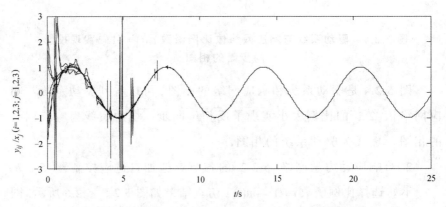

图 5.2.6 $y_{ij}/x_j (i=1,2,3; j=1,2,3)$ 随时间的演化图

从图 5.2.6 中可以看出，$y_{ij}/x_j (i=1,2,3; j=1,2,3)$ 的值趋向比例函数 $\alpha(t)=\sin(t)$，也就是说，响应网络的各节点与驱动系统依函数 $\alpha(t)=\sin(t)$ 实现了函数投影同步.

4. 结论

本节构造了一类具有混合时变时滞的驱动响应动力学网络模

型，响应动力学网络的耦合配置矩阵不需要可约、对称等限制条件．由于该响应动力学网络的各节点不能通过自身调节和驱动系统实现函数投影同步，所以基于 Lyapunov 稳定性定理设计自适应控制器，得到了使驱动响应动力学网络实现函数投影同步的充分条件．

5.3　时变时滞和非时滞复杂动力学网络的函数投影同步

近年来，许多学者对复杂网络及其同步做了大量研究，并取得了丰硕的研究成果[118~124]．在第 5.2 节中也考虑了复杂动力学网络中普遍存在的时滞现象，研究了时变时滞耦合的驱动响应复杂动力学网络的函数投影同步．然而，在许多情况下，复杂网络中不但有 t 时的节点间的信息通信，而且也有 $t-\tau$ 时的节点间的信息通信．但是，具有时滞和非时滞耦合的复杂动力学网络的同步研究却几乎被学者所忽视．

同时，由于噪声等干扰因素对网络节点的不同分量影响不同，同时时滞也会随时间发生变化，所以本节研究混合时变时滞和非时滞耦合的驱动响应动力学网络的函数投影同步，基于 Lyapunov 稳定性定理，设计了自适应控制器，实现混合时变时滞和非时滞耦合的驱动响应动力学网络的函数投影同步．最后，数值仿真的结果表明所设计的控制器是有效的．此外，由于本节中响应动力学网络的耦合配置矩阵不需要可约、对称等限制条件，因此，该模型具有普适性．

1. 混合时变时滞和非时滞耦合的驱动响应动力学网络的模型

考虑任意非线性动力系统

$$\dot{x}(t) = Dx(t) + f[x(t)] \quad\quad\quad (5.3.1)$$

式中，$x(t) = [x_1(t), x_2(t), \cdots, x_m(t)]^{\mathrm{T}} \in R^m$ 表示 m 维的状态向量，系数矩

阵 $D \in R^{m \times m}$ 是常数矩阵 $f[x(t)] = \{f_1[x(t)], f_2[x(t)], \cdots, f_m[x(t)]\}^{\mathrm{T}}$ 是连续的非线性向量函数.

以模型（5.3.1）为驱动系统，考虑含有 N（$N \geqslant 3$）个节点且具有混合时变时滞和非时滞耦合的受控响应动力学网络，其中第 i 个节点的状态方程为

$$\dot{y}_i(t) = Dy_i(t) + f[y_i(t)] + \sum_{j=1}^{N} a_{ij} \overline{y_j[t-\tau(t)]}$$

$$+ \sum_{j=1}^{N} b_{ij} y_j(t) + u_i(t) \tag{5.3.2}$$

式中，$y_i(t) = [y_{i1}(t), y_{i2}(t), \cdots, y_{im}(t)]^{\mathrm{T}} \in R^m$ 是响应动力学网络的第 i 个节点的状态向量；$\overline{y_j[t-\tau(t)]} = \{y_{j1}[t-\tau_1(t)], y_{j2}[t-\tau_2(t)], \cdots, y_{jm}[t-\tau_m(t)]\}^{\mathrm{T}}$，$\tau_s(t) > 0$（$s = 1, 2, \cdots, m$）是时滞函数；矩阵 $D \in R^{m \times m}$ 与（5.3.1）中的矩阵 D 相同；f 是连续函数与（5.3.1）中的函数 f 是相同；$u_i(t)$ 是加在第 i 个节点上的自适应控制器；$A = (a_{ij})_{N \times N}$ 和 $B = (b_{ij})_{N \times N}$ 是耦合配置矩阵，反映了响应网络的基本拓扑结构和节点间的耦合强度，它们的元素分别为 $a_{ij} \geqslant 0$，$b_{ij} \geqslant 0$，对角线元素分别为

$$a_{ii} = -\sum_{i \neq j, j=1}^{N} a_{ij},$$

$$b_{ii} = -\sum_{i \neq j, j=1}^{N} b_{ij} \tag{5.3.3}$$

2. 函数投影同步定义

定义 5.3.1　如果对于给定的比例函数 $\alpha(t)$，有

$$\lim_{t \to \infty} \|y_i(t) - \alpha(t)x(t)\| = 0 \quad (i = 1, 2, \cdots, N) \tag{5.3.4}$$

那么就说驱动响应动力学网络（5.3.1）、（5.3.2）实现了函数投影同步.

为了证明下面定理，先给出以下引理与假设.

引理 5.3.1 对任意的向量 $x, y \in R^n$，有下面矩阵不等式成立.

$$2x^\mathrm{T}y \leqslant x^\mathrm{T}x + y^\mathrm{T}y$$

假设 5.3.1 假设时滞函数 $\tau_s(t)$ $(s = 1, 2, \cdots, m)$ 可微且满足 $\dot{\tau}_s(t) \leqslant \eta < 1$，式中 η 是正常数.

3. 驱动响应动力学网络的函数投影同步准则

令驱动响应动力学网络的函数投影同步误差为

$$e_i(t) = y_i(t) - \alpha(t)x(t) \quad (i = 1, 2, \cdots, N) \tag{5.3.5}$$

如果当 $t \to \infty$ 时，误差 $e_i(t) \to 0$，那么驱动响应动力学网络（5.3.1）、（5.3.2）就实现了函数投影同步.

根据式（5.3.2）可得带有自适应控制器的函数投影同步误差系统为

$$\dot{e}_i(t) = Dy_i(t) - \dot{\alpha}(t)x(t) - \alpha(t)\dot{x}(t)$$

$$+ f[y_i(t)] + \sum_{j=1}^{N} a_{ij}\overline{y_j[t - \tau(t)]} + \sum_{j=1}^{N} b_{ij}y_j(t) + u_i(t)$$

根据式（5.3.3）可得

$$\dot{e}_i(t) = Dy_i(t) - \dot{\alpha}(t)x(t) - \alpha(t)\dot{x}(t) + f[y_i(t)]$$

$$+ \sum_{j=1}^{N} a_{ij}\overline{y_j[t - \tau(t)]} - \alpha(t)\overline{x[t - \tau(t)]}\sum_{j=1}^{N} a_{ij} + \sum_{j=1}^{N} b_{ij}y_j(t)$$

$$+ \alpha(t)x(t)\sum_{j=1}^{N} b_{ij} + u_i(t)$$

$$= De_i(t) - \dot{\alpha}(t)x(t) - \alpha(t)f[x(t)]$$

$$+ f[y_i(t)] + \sum_{j=1}^{N} a_{ij}\overline{e_j[t - \tau(t)]} + \sum_{j=1}^{N} b_{ij}e_j(t) + u_i(t) \tag{5.3.6}$$

定理 5.3.1 如果响应动力网络（5.3.2）的各节点都施加如下自适应控制器：

$$\begin{cases} u_i(t) = \dot{\alpha}(t)x(t) + \alpha(t)f[x(t)] \\ \qquad - f[y_i(t)] - k_i(t)e_i(t) \\ \dot{k}_i(t) = e_i^T(t)e_i(t) \end{cases}$$

$$(i = 1, 2, \cdots, N) \tag{5.3.7}$$

那么驱动响应动力学网络（5.3.1）、（5.3.2）能实现函数投影同步.

证明　构造 Lyapunov 函数为

$$V(t) = \frac{1}{2}\sum_{i=1}^{N} e_i^T(t)e_i(t) + \frac{1}{2}\sum_{i=1}^{N}[k_i(t) - k]^T[k_i(t) - kE]$$

$$+ \frac{1}{2(1-\eta)}\sum_{i=1}^{N}\sum_{s=1}^{m}\int_{t-\tau_s(t)}^{t} e_{is}^2(\mu)\mathrm{d}\mu \tag{5.3.8}$$

式中，k 是正常数；$E = (1,1,\cdots,1)^T \in R^n$. 显然 $V(t) \geqslant 0$. 则有

$$\dot{V}(t) = \sum_{i=1}^{N} e_i^T(t)\dot{e}_i(t) + \sum_{i=1}^{N}\dot{k}_i^T(t)[k_i(t) - kE]$$

$$+ \frac{1}{2(1-\eta)}\sum_{i=1}^{N}\sum_{s=1}^{m}\left\{e_{is}^2(t) - [1 - \dot{\tau}_s(t)]e_{is}^2[t - \tau_s(t)]\right\} \tag{5.3.9}$$

把式（5.3.6）代入式（5.3.9）中得

$$\dot{V}(t) = \sum_{i=1}^{N} e_i(t)^T\left\{De_i(t) - \dot{\alpha}(t)x(t) - \alpha(t)f[x(t)] + f[y_i(t)] + \right.$$

$$\left. \sum_{j=1}^{N} a_{ij}\overline{e_j[t - \tau(t)]} + \sum_{j=1}^{N} b_{ij}e_j(t) + u_i(t)\right\}$$

$$+ \sum_{i=1}^{N}\dot{k}_i^T(t)[k_i(t) - kE]$$

$$+ \frac{1}{2(1-\eta)}\sum_{i=1}^{N}\sum_{s=1}^{m}\left\{e_{is}^2(t) - [1 - \dot{\tau}_s(t)]e_{is}^2[t - \tau_s(t)]\right\} \tag{5.3.10}$$

把式（5.3.7）代入式（5.3.10）中，并根据假设可得

$$\dot{V}(t) \leqslant \sum_{i=1}^{N} e_i^{\mathrm{T}}(t) D e_i(t) + \sum_{i=1}^{N} \sum_{j=1}^{N} a_{ij} e_i^{\mathrm{T}}(t) \overline{e_j[t-\tau(t)]}$$

$$+ \sum_{i=1}^{N} \sum_{j=1}^{N} b_{ij} e_i^{\mathrm{T}}(t) e_j(t) - \sum_{i=1}^{N} e_i^{\mathrm{T}}(t) k_i(t) e_i(t)$$

$$+ \sum_{i=1}^{N} e_i^{\mathrm{T}}(t) e_i(t) [k_i(t) - kE]$$

$$+ \frac{1}{2(1-\eta)} \sum_{i=1}^{N} \left\{ e_i^{\mathrm{T}}(t) e_i(t) - (1-\eta) \overline{e_i[t-\tau(t)]}^{\mathrm{T}} \overline{e_i[t-\tau(t)]} \right\}$$

设 $e(t) = [e_1^{\mathrm{T}}(t), e_2^{\mathrm{T}}(t), \cdots, e_N^{\mathrm{T}}(t)]^{\mathrm{T}}$ 可得

$$\dot{V}(t) \leqslant \lambda_D e^{\mathrm{T}}(t) e(t) + e^{\mathrm{T}}(t) A \overline{e[t-\tau(t)]} + e^{\mathrm{T}}(t) B e(t)$$

$$- k e^{\mathrm{T}}(t) e(t) + \frac{1}{2(1-\eta)} e^{\mathrm{T}}(t) e(t)$$

$$- \frac{1}{2(1-\eta)} (1-\eta) \overline{e[t-\tau(t)]}^{\mathrm{T}} \overline{e[t-\tau(t)]}$$

根据引理 5.3.1 可得

$$\dot{V}(t) \leqslant \lambda_D e^{\mathrm{T}}(t) e(t) + \frac{1}{2} e^{\mathrm{T}}(t) A A^{\mathrm{T}} e(t)$$

$$+ \frac{1}{2} \overline{e[t-\tau(t)]}^{\mathrm{T}} \overline{e[t-\tau(t)]} + \frac{1}{2} e^{\mathrm{T}}(t) e(t) + \frac{1}{2} e^{\mathrm{T}}(t) B^{\mathrm{T}} B e(t)$$

$$- k e^{\mathrm{T}}(t) e(t) + \frac{1}{2(1-\eta)} e^{\mathrm{T}}(t) e(t) - \frac{1}{2} \overline{e[t-\tau(t)]}^{\mathrm{T}} \overline{e[t-\tau(t)]}$$

$$\leqslant [\lambda_D + \frac{1}{2} \lambda_{AA^{\mathrm{T}}} + \frac{1}{2} \lambda_{B^{\mathrm{T}}B} + \frac{2-\eta}{2(1-\eta)} - k] e^{\mathrm{T}}(t) e(t)$$

式中，λ_D，$\lambda_{AA^{\mathrm{T}}}$ 和 $\lambda_{B^{\mathrm{T}}B}$ 分别是矩阵 D，AA^{T} 和 $B^{\mathrm{T}}B$ 的最大特征值. 取 $k > \lambda_D + \frac{1}{2} \lambda_{AA^{\mathrm{T}}} + \frac{1}{2} \lambda_{B^{\mathrm{T}}B} + \frac{2-\eta}{2(1-\eta)} + 1$，则 $\dot{V}(t) \leqslant -e^{\mathrm{T}}(t) e(t) \leqslant 0$. 根据 Lyapunov

稳定性定理，$e_i(t)$ 的零解是渐近稳定的，即驱动响应动力学网络（5.3.1）、（5.3.2）能实现函数投影同步.

基于以上定理，将比例函数 $\alpha(t)$ 取为常数函数，可得到下面的推论.

推论 5.3.1　如果比例函数 $\alpha(t)$ 是常数函数，那么驱动响应动力学网络（5.3.1）、（5.3.2）能实现函数投影同步通过施加下面的自适应控制器：

$$\begin{cases} u_i(t) = \alpha(t)f[x(t)] - f[y_i(t)] - k_i(t)e_i(t) \\ \dot{k}_i(t) = e_i^{\mathrm{T}}(t)e_i(t) \end{cases}$$

$$(i = 1, 2, \cdots, N) \tag{5.3.11}$$

推论 5.3.1 与定理 5.3.1 的证明过程十分相似，这里不再赘述.

4. 数值仿真

不失一般性，驱动系统设为一新混沌系统[125]，其动力学方程描述为

$$\begin{cases} \dot{x}_1 = \sigma(x_2 - x_1) + \gamma x_2 x_3 \\ \dot{x}_2 = x_1 x_3 - x_2 \\ \dot{x}_3 = \rho - x_1 x_2 - x_3 \end{cases} \tag{5.3.12}$$

式中 σ，γ，ρ 是参数. 当 $\sigma=3$，$\gamma=1/3$，$\rho=50$ 时，系统（5.3.12）处于混沌状态，其混沌吸引子如图 5.3.1 所示.

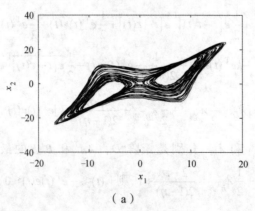

（a）

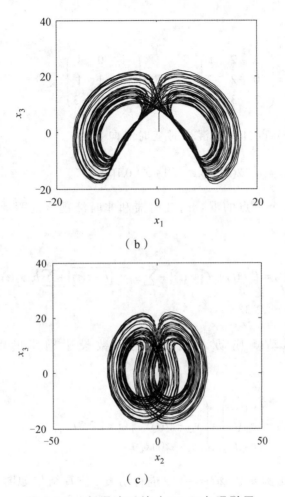

（b）

（c）

图 5.3.1　**新混沌系统（**5.3.12**）吸引子**

动力学方程（5.3.12）可写成

$$\dot{x}(t) = Dx(t) + f[x(t)] \tag{5.3.13}$$

式中，$D = \begin{pmatrix} -3 & 3 & 0 \\ 0 & -1 & 0 \\ 0 & 0 & -1 \end{pmatrix}$; $f(x) = \begin{pmatrix} (1/3)x_2x_3 \\ x_1x_3 \\ 50 - x_1x_2 \end{pmatrix}$

混沌系统（5.3.13）作为驱动系统，不妨设响应动力学网络的耦合

配置矩阵为

$$A = \begin{pmatrix} -3 & 2 & 1 \\ 0 & -2 & 2 \\ 2 & 3 & -5 \end{pmatrix} \qquad B = \begin{pmatrix} -1 & 0 & 1 \\ 0 & -1 & 1 \\ 3 & 0 & -3 \end{pmatrix}$$

设耦合节点具有的混合时变时滞向量为

$$\tau(t) = [e^t / 2(1+e^t), e^t / 3(1+e^t), 0.1]^{\mathrm{T}}$$

具有 3 个节点的混合时变时滞和非时滞耦合的驱动响应动力学网络为

$$\dot{y}_i(t) = Dy_i(t) + f[y_i(t)] + \sum_{j=1}^{N} a_{ij} \overline{y_j[t - \tau(t)]} + \sum_{j=1}^{N} b_{ij} y_j(t) + u_i(t) \qquad (5.3.14)$$

$$(i = 1, 2, 3)$$

根据驱动响应动力学网络的函数投影同步的误差定义式（5.3.5）有

$$e_i(t) = \begin{pmatrix} e_{i1}(t) \\ e_{i2}(t) \\ e_{i3}(t) \end{pmatrix} = \begin{pmatrix} y_{i1} - \alpha(t)x_1 \\ y_{i2} - \alpha(t)x_2 \\ y_{i3} - \alpha(t)x_3 \end{pmatrix} (i = 1, 2, 3)$$

（1）取比例函数 $\alpha(t) = -1/2$ 进行仿真，仿真结果如图 5.3.2~5.3.4 所示.

图 5.3.2（a）反映了驱动系统（5.3.13）和响应动力学网络（5.3.14）的第 1 个节点的投影同步误差 $e_1(t) = (y_{11} + \frac{1}{2}x_1, y_{12} + \frac{1}{2}x_2, y_{13} + \frac{1}{2}x_3)^{\mathrm{T}}$，

图 5.3.2（b）反映了驱动系统（5.3.13）和响应动力学网络（5.3.14）的第 2 个节点的投影同步误差 $e_2(t) = (y_{21} + \frac{1}{2}x_1, y_{22} + \frac{1}{2}x_2, y_{23} + \frac{1}{2}x_3)^{\mathrm{T}}$，

图 5.3.2（c）反映了驱动系统（5.3.13）和响应动力学网络（5.3.14）

的第 3 个节点的投影同步误差 $e_3(t) = (y_{31} + \frac{1}{2}x_1, \; y_{32} + \frac{1}{2}x_2, \; y_{33} + \frac{1}{2}x_3)^{\mathrm{T}}$.

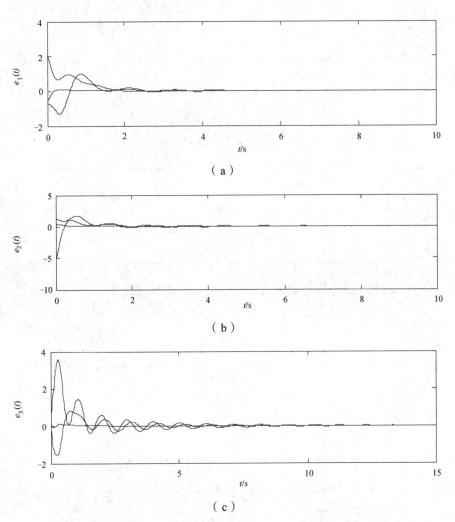

（a）

（b）

（c）

图 5.3.2   函数投影同步误差 $e_i(t) = y_i(t) + \frac{1}{2}x(t)$ $(i = 1, 2, 3)$ 曲线

从图 5.3.2 中可以看出，响应网络的各节点和驱动系统的误差很快地趋向零，这说明自适应控制器（5.3.11）能够使得响应网络的各节点和驱动系统实现投影同步.

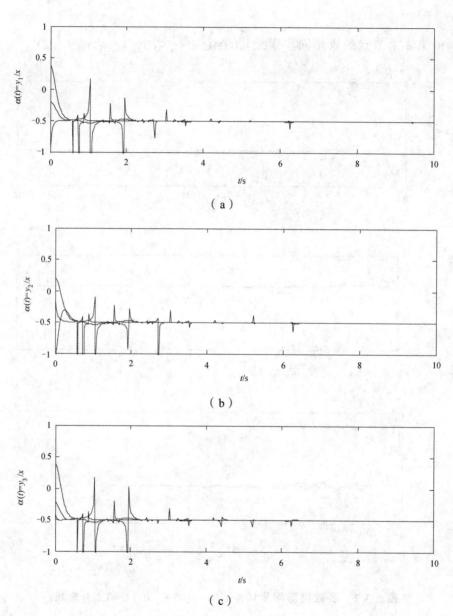

图 5.3.3　比例函数 $\alpha(t) = y_i / x\ (i = 1,2,3)$ 随时间的演化

从图 5.3.3 中可以看出，$y_i / x\ (i = 1,2,3)$ 的比值趋向于比例函数 $\alpha(t) = -1 / 2$，也就是说，驱动系统与响应网络依比例函数 $\alpha(t) = -1 / 2$

实现了投影同步.

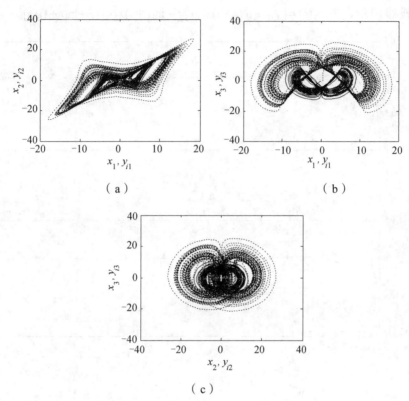

（ a ）　　　　　　　　　　（ b ）

（ c ）

图 5.3.4　驱动响应动力学网络（ 5.3.13 ）、（ 5.3.14 ）实现投影同步时的
相图

　　图 5.3.4 是驱动系统（5.3.13）与响应动力学网络（5.3.14）依比
例 1/2 实现投影同步时的相图.

　　（2）取比例函数 $\alpha(t) = -\ln(t+1)$ 进行仿真，仿真结果如图 5.3.5~
5.3.7 所示.

　　图 5.3.5（a）反映了驱动系统（5.3.13）和响应动力学网络
（5.3.14）的第 1 个节点的函数投影同步误差 $e_1(t) = [y_{11} + \ln(t+1)x_1, y_{12}$
$+ \ln(t+1)x_2, y_{13} + \ln(t+1)x_3]^T$，图 5.3.5（b）反映了驱动系统（5.3.13）
和响应动力学网络（5.3.14）的第 2 个节点的函数投影同步误差
$e_2(t) = [y_{21} + \ln(t+1)x_1, y_{22} + \ln(t+1)x_2, y_{23} + \ln(t+1)x_3]^T$，图 5.3.5（c）反映

了驱动系统（5.3.13）和响应动力学网络（5.3.14）的第 3 个节点的函数投影同步误差 $e_3(t) = [y_{31} + \ln(t+1)x_1, y_{32} + \ln(t+1)x_2, y_{33} + \ln(t+1)x_3]^T$.

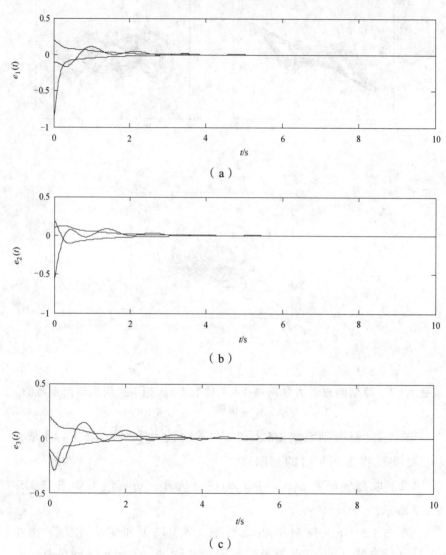

图 5.3.5 同步误差 $e_i(t) = y_i(t) + \ln(t+1)x(t)$ $(i=1,2,3)$ 随时间的演化

从图 5.3.5 中可以看出，响应网络的各节点和驱动系统的误差很快地趋向零，这说明自适应控制器（5.3.7）能够使得响应网络的各节点和驱动系统实现函数投影同步.

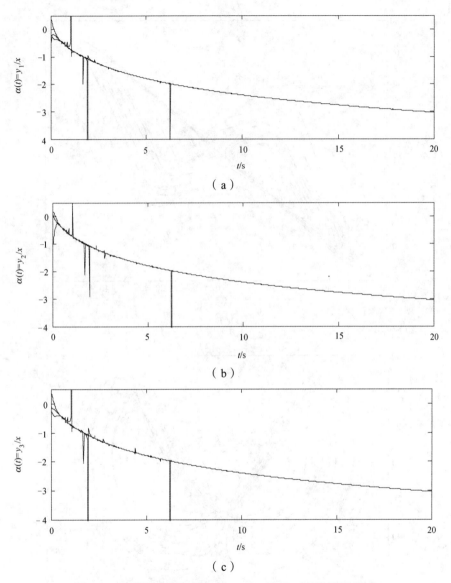

（a）

（b）

（c）

图 5.3.6 比例函数 $\alpha(t) = y_i / x$ $(i = 1, 2, 3)$ 随时间的演化

从图 5.3.6 中可以看出, y_i / x $(i = 1, 2, 3)$ 的比值趋向于函数 $\alpha(t) = -\ln(t+1)$, 也就是说, 驱动系统（5.3.13）与响应网络（5.3.14）

依比例函数 $\alpha(t) = -\ln(t+1)$ 实现了函数投影同步.

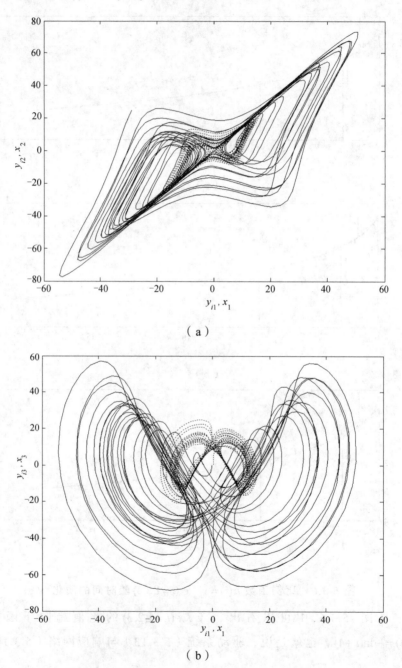

（a）

（b）

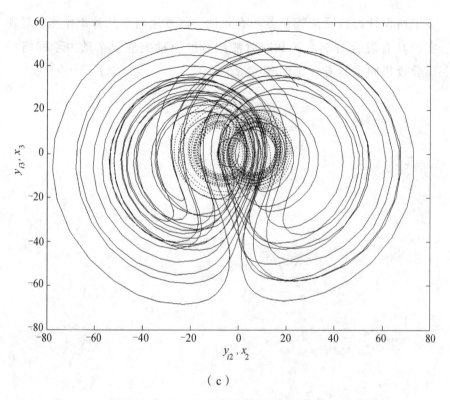

（c）

图 5.3.7　驱动响应动力学网络实现函数投影同步时的相图

图 5.3.7 是驱动系统（5.3.13）和响应动力学网络（5.3.14）依函数比例 $-\ln(t+1)$ 实现函数投影同步时的相图.

5. 结论

本节构造了一类具有混合时变时滞和非时滞耦合的驱动响应复杂动力学网络模型，基于 Lyapunov 稳定性定理，设计了自适应控制器，得到了使该驱动响应动力学网络实现函数投影同步的充分条件；同时实现了这类驱动响应复杂动力学网络的函数投影同步，为了使所设计的网络模型具有普适性，该网络模型的耦合配置矩阵不需要可约、对称等限制条件.

分别取比例因子为常数函数和对数函数，数学软件仿真的结果证实了所设计的自适应控制器的有效性. 该方法简单且易于操作, 对现实中具有混合时变时滞和非时滞耦合的驱动响应复杂动力学网络的函数投影同步具有一定的参考价值.

参考文献

[1] Hao B L. Chao[M]. Singapore: Word Scientific, 1984.

[2] Hao B L. Chao Ⅱ [M]. Singapore: Word Scientific, 1990.

[3] 郝柏林. 分岔、混沌、奇怪吸引子、湍流及其他[J]. 物理学进展, 1983, 3(3): 329-416.

[4] 吕金虎. 一个统一混沌系统及其研究[D]. 北京：中国科学院研究生院, 2002.

[5] 吕金虎, 陆君安, 陈士华. 混沌时间序列分析及应用[M]. 武汉：武汉大学出版社, 2002.

[6] 普利高津, 斯唐热. 从混沌到有序[M]. 上海：上海译文出版社, 1987.

[7] 黄润生, 黄浩. 混沌及其应用[M]. 武汉：武汉大学出版社, 1999.

[8] Lorenz E N. Deterministic nonperiodic flow[J]. J. Atmos. Sci., 1963, 20: 130-141.

[9] Henon M, Heiles C. A two-dimentional mappling with a strange attractor, Astron[J]. J., 69, 1964.

[10] Li T Y, Yorke J A. Period three implies chaos, Amer[J]. Math. Monthly, 1975, 82: 985-992.

[11] May R. Simple mathematical modles with very complicated dynamics[J]. nature, 1976, 261(5560): 459-67.

[12] Feigenbaum M J. Quantitative universality for a class of nonlinear transformation[J]. Stat. Phys., 1979, 19(1): 1677-1681.

[13] Pecora L M, Carroll T L. Synchronization in chaotic systems [J]. Phys Rev Lett, 1990, 64: 821-830.

[14] Li C, Chen G. An improved version of the Marotto theorem[J]. Chaos, Solitons and Fractals, 2003, 18(1): 69-77.

[15] 陈士华, 陆君安. 混沌动力学初步[M]. 武汉: 武汉水利电力大学出版社, 1998.

[16] Hassard B D, Kazarinoff N D, Wan Y H. Theory and Application of Hopf Bifurcation[M]. London: Cambridge University Press, 1981.

[17] Chen G, Dong X. From chaos to order: Methodologies, Perspectives[M]. Singapore: World Scientific, 1998.

[18] Chua L O, Komuro M, Matsumoto T. The double scroll family. [J] Part I: Rigorous proof of chaos. IEEE Trans. Circuits. Syst., 1986, 33: 1072-1096.

[19] Erdos P, Rényi A. On the evolution of random graphs. Publ. Math. Inst. Hung. 1960, 5: 17-60.

[20] Barabási A. The New Sience of Networks[M]. Massachusetts: Persus Publishing, 2002.

[21] Watts D. The 'new' science of networks[J]. Annual Review of Sociology, 2004, 30: 243-270.

[22] Rössler Q. E. An equation for continuous chaos[J]. Phys. Lett. A 57 (1976), 397-398.

[23] 甘春标, 陆启韶, 黄克累. 耦合 Van der pol-Duffing 振子的强

共振分岔解[J]. 应用数学与力学, 1999, 20(1), 63–69.

[24] Lü J, Chen G. A new chaotic attractor coined. Int[J]. J. Bifur. Chaos, 2002, 12(03): 659–661.

[25] Liu C, Liu T, Liu L, Liu K. A new chaotic attractor[J]. Chaos, Solitons and Fractals 2004, 22: 1031–1038.

[26] Qi G, Chen G, Du S etc. Analysis of a new chaotic system[J]. Physica A, 2005, 352: 295–308.

[27] Tigan G. Analysis of a 3D chaotic system[J]. Chaos, Solitons and Fractals, 2008, 36: 1315–1319.

[28] Chen G. Ueta T. Yet another chaotic attractor[J]. Int. J. of Bifurcation and chaos, 1999, 9: 1465–1466.

[29] Mello L. F., Messias M., Braga D. C. Bifurcation analysis of a new Lorenz-like chaotic system[J]. Chaos, Solitons and Fractals, 2008, 37: 1244–1255.

[30] 王繁珍, 齐国元, 陈增强, 等. 一个四翼混沌吸引子[J]. 物理学报, 2007, 56(6): 3137–3144.

[31] Lü JinHu, Chen Guanrong, Zhang Suochun. The compound structure of a new chaotic attractor[J]. Chaos, Solitons & Fractals, 2002, 14(9): 669–672.

[32] Vaněcek A., Celikovsk S. Control Systems: From Linear Analysis to Synthesis of Chaos [M]. London: Prentice-Hall, 1996.

[33] 安新磊, 俞建宁, 林明泽, 等. 一个具有四翼的混沌吸引子的混沌系统的分析与同步控制[J]. 温州大学学报, 2010, 31(1): 18–25.

[34] 陈关荣, 吕金虎. Lorenz 系统族的动力学分析、控制与同步[M]. 北京: 科学出版社, 2003.

[35] 杜文举, 俞建宁, 张建刚. 一个新四维混沌系统的分岔分析[J]. 东北师大学报, 2014, 46(1): 80-87.

[36] Guohu Cui, Xiangping Yan. Stability and bifurcation analysis on a three-species food chain system with two delays [J]. Communications in Nonlinear Science and Numerical Simulation, 2011, 16: 3704-3720.

[37] Fabio Scalco Dias, Luis Fernando Mello, Jian-Gang Zhang. Nonlinear analysis in a Lorenz-like system[J]. Nonlinear Analysis: Real World Applications, 2010, 11: 3491-3500.

[38] 刘继广, 王海洋, 钟利军, 等. 风电系统电压稳定性的 Hopf 分岔控制仿真[J]. 吉林大学学报, 2013, 51(1): 111-115.

[39] Kuznetsov Y. A. Elements of applied bifurcation theory[M]. New York: Springer, 2004: 293-313.

[40] Yandong Chu, Yinxiang Chang, Jiangang Zhang. Full state hybrid projective synchronization in hyperchaotic systems[J]. Chaos Solitons & Fractals, 2009, 42(4): 1502-1510.

[41] Jianquan Lu, Jinde Cao. Synchronization-based approach for parameters identification in delayed chaotic neural networks[J]. Physica A: Statistical Mechanics and its Applications, 382(2): 672-682.

[42] Cailian Chen, Gang Feng, Xinping Guan. Parameter identification based synchronization for a class of chaotic systems with offset vectors[J]. Physics Letters A, 330(1-2): 65-74.

[43] 关新平, 彭海朋, 李丽香, 等. Lorenz 混沌系统的参数辨识与控制[J]. 物理学报, 2001, 50(1): 26-29.

[44] 王绍明, 岳超源, 罗海庚. 基于未知参数观测器的 Liu 混沌系

统参数辨识[J]. 华中科技大学学报, 2006, 35(6): 47-49.

[45] Henryk Merta. Characteristic time series and operation region of the system of two tank reactors (CSTR) with variable division of recirculation stream [J]. Chaos, Solitons & Fractals 2006; 27: 279-285.

[46] Tomasz Stachowiak, Toshio Okada. A numerical analysis of chaos in the double pendulum [J]. Chaos, Solitons & Fractals. 2006; 29: 417-422.

[47] Henryk Merta. Chaotic dynamics of a cascade of plug flow tubular reactors (PFTRs) with division of recirculating stream [J]. Chaos, Solitons and Fractals. 2005; 23: 1211-1219.

[48] 方燕燕, 徐振源, 蔡朝洪. 混沌系统反馈控制的 Melnikov 分析 [J]. 无锡轻工大学学报, 2001, 20(6): 624-629.

[49] 宋娟, 卢殿臣. 三个耦合的非扩散 Lorenz 系统的全局混沌同步[J]. 大学数学, 2007, 3: 54-55.

[50] Liu W B, Chen G. A new chaotic system and generation[J]. Int J Bifurcat Chaos 2003, 13: 261- 267.

[51] Yang X S, Duan C K, Liao X X. A note on mathematical aspects of drive response type synchronization [J]. Chaos, So litons & F ractals, 1999, 10 (9): 1457-1462.

[52] Li Zhigang, Xu Dao lin. A secure communication scheme using projective chaos synchronization [J]. Chaos Solitons& Fractals, 2004, 22(2): 477- 481.

[53] 刘锋. 混沌的同步及其在保密通信中的应用[J]. 西安电子科技大学学报: 自然科学版, 2000, 27(4): 515- 536.

[54] Agiza H N. Chaos synchronization of Lü dynamical system [J].

Nonlinear Analysis, 2004, 58(1-2): 11-20.

[55] Rulkov N F, Sushchik M M, Tsimring L S, Abarbanel H D I. Generalized synchronization of chaos in directionally coupled chaotic systems[J]. Phys. Rev. E, 1995, 51: 9894.

[56] Li G H. Modified projective synchronization of chaotic system[J]. Chaos Solitons and Fractals, 2007, 32(5): 1786-1790.

[57] Li Z G, Xu D L. Stability criterion for projective synchronization in three-dimensional chaotic systems[J]. Phys. Letter A, 2001, 282(3): 175-179.

[58] Li G H. Generalized projective synchronization of two chaotic systems by using active control[J]. Chaos Solitons and Fractals, 2006, 30(1): 77-82.

[59] Chu Y D, Chang Y X, Zhang J G, Li X F, An X L. Full state hybrid projective synchronization in hyperchaotic systems[J]. Chaos Solitons and Fractals. 2009, 42(4): 1502-1510.

[60] 刘扬正. 超混沌 Lü 系统的电路实现[J]. 物理学报. 2008, 57(3): 1439-1443.

[61] Ott E, Grebogi C, York J A. Controlling chaos[J]. Physical Review Letters, 1990, 64(11): 1196-1199.

[62] 方锦清. 非线性系统中混沌的控制与同步及其应用前景[J]. 物理学进展, 1996, 16(1): 21-38.

[63] 罗晓曙, 孔令江, 屈万里. 用数字有限脉冲响应滤波法控制混沌[J]. 物理学报, 1998, 47(7): 1078-1083.

[64] Chen G, Dong X. From chaos to order: Methodologies, perspectives and applications[M]. Singapore: World Scientific, 1998.

[65] 胡岗，萧井华，郑志刚. 混沌控制 [M]. 上海：上海科技教育出版社，2000.

[66] Li Chang-pin, Yan Jian-ping. Generalized projective synchronization of chaos: The cascade synchronization approach [J]. Chaos Solitons & Fractals, 2006, 30(1): 140-146.

[67] Li Guo-hui. Generalized projective synchronization of two chaotic systems by using active control[J]. Chaos Solitons & Fractals, 2006, 30(1): 77-82.

[68] Li Zhi-gang, Xu Dao-lin. Stability criterion for projective synchronization in three-dimensional chaotic systems[J]. Physical Review Letters, 2001, 282(3): 175-179.

[69] Hu Mang-feng, Xu Zhen-yuan, Zhang Rong. Full state hybrid projective synchronization in continuous-time chaotic systems[J]. Communications in Nonlinear Science and Numerical Simulation, 2008, 13(2): 456-464.

[70] Hu Mang-feng. Full state hybrid projective synchronization of a general class of chaotic maps[J]. Communications in Nonlinear Science and Numerical Simulation, 2008, 13(4): 782-789.

[71] Chu Yan-dong, Chang Yin-xiang, Zhang Jian-gang. Parameters identification and IFSHPS in chaotic and hyper-chaotic systems with different structure[J]. Journal of System Simulation, 2008, 20 (19): 5350-5353.

[72] Chu Yan-dong, Chang Yin-xiang, Zhang Jian-gang et al. Full state hybrid projective synchronization in hyperchaotic systems[J]. Chaos Solitons & Fractals, 2009, 42(4): 1502-1510.

[73] Hu Mang-feng, Xu Zhen-yuan, Zhang Rong. Full state hybrid

projective synchronization in continuous-time chaotic systems[J]. Communications in Nonlinear Science and Numerical Simulation 2008, 13(2): 456-464.

[74] Hu Mang-feng. Full state hybrid projective synchronization of a general class of chaotic maps[J]. Communications in Nonlinear Science and Numerical Simulation, 2008, 13(4): 782-789.

[75] 蔡绍洪, 杨洋, 郭长睿. 统一混沌系统的 active control 同步性研究[J]. 贵州大学学报, 2007, 24(2): 129-133.

[76] Watts D J, Strogatz S H. Collective dynamics of "small world" networks[J]. Nature, 1998, 393: 440-442.

[77] Barabási A L, Albert R. Emergence of scaling in random networks[J]. Science, 1999, 286: 509-512.

[78] Lada A, Eytan A. How to research a social networks[J]. Social Networks, 2005, 27(3): 187-203.

[79] Hohmana Stefan. The yeast systems biology networks mating communities[J]. Curr. Opin. in Bio, 2005, 16(3): 356-360.

[80] Li C, Chen G. Stability of a neural network model with small-word connections[J]. Phys. Rev. E, 2003, 68(1): 052901.

[81] Wang X F, Chen G R. Synchronization in scale-free dynamical network. robustness and fragility [J]. IEEE trans Circuits Syst-I, 2002, 49(1): 54-62.

[82] Hong H, Kim B J, choi M Y, et al. Factors that predict better synchronizability on complex networks[J]. Phys Rev E, 2004, 69: 1-4.

[83] Barahona M, Pecora L M. Synchronization in small-world system[J]. Phys Rev Lett, 2002, 89 (5): 054101.

[84] 韩秀萍, 路君安. 从环状网络到链状网络同步能力的变化[J]. 信息科学, 2007, 37(6): 748–756.

[85] 汪小帆, 李翔, 陈关荣. 复杂网络理论及其应用[M]. 清华大学出版社, 2006.

[86] Liao T, Tsai S. Adaptive synchronization of chaotic systems and its application to secure communications[J]. Chaos, Solitons & Fractals, 2000, 11: 1387–96.

[87] Lu W, Chen T. new approach to synchronization analysis of linearly coupled ordinary differential systems[J]. Phys D, 2006, 213: 214–30.

[88] LU J, Chen G. a time-varying complex dynamical network model and its controlled synchronization criteria[J]. IEEE Trans Automatic control, 2005, 50: 841–6.

[89] Wang Xiaofan, Chen Guanrong. Synchronization in small-world dynamical networks [J]. Int. J. Bifurcation and Chaos, 2002, 12(1): 187–192.

[90] 唐红武, 夏建勋. 两个耦合复杂网络的自适应同步[J]. 科学技术与工程, 2008, 9: 2499–03.

[91] Li P, Yi Z, Zhang L. Global synchronization of a class of delayed complex network[J]. Chaos, Solitons & Fractals, 2006, 30: 903–908.

[92] 薛安克. 鲁棒最优控制理论与应用[M]. 北京: 科学出版社, 2008.

[93] Wu C. Synchronization in arrays of coupled nonlinear systems with delay and nonreciprocal time- varying coupling[J]. IEEE Trans Circuits Syst II, 2005, 52: 282–286.

[94] Gade P. Synchronization of oscillators with random nonlocal connectivity[J]. Phys. Rev. E. 1996, 54: 64-70.

[95] Alex A, Albert D, Kurths J etc. Synchronization in complex networks[J]. Phys. Rev., 2008, 469: 93-153.

[96] Arkady S, Michael G, Grigory V, Kurths J. Phase synchronization of chaotic oscillators by external driving[J]. Physica D: Nonlinear Phenomena, 1997, 104: 219-238.

[97] Chuandong Li, Xiaofeng Liao, Kwok-wo Wong. Chaotic lag synchronization of coupled time-delayed systems and its applications in secure comunication[J]. Physica D: Nonlinear Phenomena, 2004, 194(3-4): 187-202.

[98] Rulkov N, Sushchik M, Tsimring L, Abarbanel H. Generalized synchronization of chaos in directionally coupled chaotic systems[J]. Phys. Rev. E, 1995, 51: 9894.

[99] Yan J. P., Li C. P. . Generalized projective synchronization of a unified chaotic system[J]. Chaos Solitons and Fractals, 2005, 26(4): 1119-1124.

[100] Li C, Yan J. Generalized projective synchronization of chaos: The cascade synchronization approach[J]. Chaos Solitons and Fractals, 2006, 30: 140-146.

[101] Li G, Generalized projective synchronization of two chaotic systems by using active control[J] . Chaos Solitons and Fractals, 2006, 30: 77-82.

[102] Li Z, Xu D. Stability criterion for projective synchronization in three-dimensional chaotic systems[J]. Phys. Letter A, 2001, 282: 175-179.

[103] Mainieri R, Rehacek J. Projective synchronization in three-dimensional chaotic systems[J]. Phys. Rev. Letter 1999, 82: 3042-3045.

[104] Hu Manfeng, Yang Yongqing, Xu Zhenyuan, Zhang Rong, Guo Liuxiao. Projective synchronization in drive-response dyanmical networks[J]. Physica A, 2007, 381: 457-466.

[105] Chen G, Ueta T. Bifurcation analysis of Chen's attractor[J]. International Journal of bifurcation and Chaos, 1997, 9: 1465-1466.

[106] 褚衍东, 李险峰, 张建刚, 等. 一类新自治混沌系统的计算机仿真与电路模拟[J]. 四川大学学报, 2007, 44(3): 550-556.

[107] Xiang L, Chen Z, Liu Z, Chen F, Yuan Z. Pinning control of complex dynamical networks with heterogeneous delays[J]. Computers and Mathematics with Application, 2008, 56: 1423-1433.

[108] Du H, Zeng Q, Wang C. Function projective synchronization of different chaotic systems with uncertain parameters[J]. Physics Letters A, 2008, 372: 5402-5410.

[109] Shen L, Ma J. Robust function projective synchronization of a class of uncertain chaotic systems[J]. Chaos, Solitons & Fractals, 2009, 42: 1292-1296.

[110] Du H, Zeng Q, Wang C, Ling M. Function projective synchronization in coupled chaotic systems[J]. Nonlinear. Anal RWA, 2010, 11: 705-712.

[111] Li Z, Chen G. Global synchronization and asymptotic stability of complex dynamical networks[J]. IEEE Trans. Circuits Syst II,

2006, 53: 28-33.

[112] Wu C. Synchronization in arrays of coupled nonlinear systems with delay and nonreciprocal time varying coupling[J]. IEEE Trans Circuits System II, 2005, 52: 282- 286.

[113] Gade P. Synchronization of oscillators with random nonlocal connectivity[J]. Phys Rev E, 1996, 54: 64-70.

[114] Arenas A, Albert D, Kurths J etc. Synchronization in complex networks[J]. Phys. Rev, 2008, 469: 93-153.

[115] Zhang Rong, Yang Yongqing, Xu Zhenyuan etc. Function projective synchronization in drive-response dyanmical network[J]. Physica A, 2010, 374(30): 3025-3028.

[116] Kennedy M. Robust Op-Amp realization of Chua's circuit[J]. Frequenz, 1992, 46: 66-80.

[117] Hui Liu, Jun-An Lu, Jinhu Lü etc. Hill. Structure identification general complex dynamical networks with time delay[J]. Automatica, 2009, 45(8): 1799-1807.

[118] Lu Wenlian, Chen Tianping. New approach to synchronization analysis of linearly coupled ordinary differential systems[J]. Phys D, Nonlinear Phenomena, 2006, 213(2): 214-230.

[119] He Guangming, Yang Jingyu. Adaptive synchronization in nonlinearly coupled dynamical networks[J]. Chaos, Solitons & Fractals, 2008, 38(5): 1254-1259.

[120] Wang Xiaofan, Chen Guanrong. Synchronization in scale-free dynamical networks: robustness and fragility[J]. IEEE Transactions circuits and Systems I, 2002, 49(1): 54-62.

[121] Lü Jinhu, Yu Xinghuo, Chen Guanrong. Characterizing the

synchronization of small- word dynamical networks[J]. IEEE Transactions circuits and Systems I, 2004, 51(4): 787-796.

[122] 刘式达, 刘式适. 洛伦茨混沌的本质[M]. 严中伟, 译. 北京: l 气象出版社, 1997.

[123] Lu W, Chen T. New approach to synchronization analysis of linearly coupled ordinary differential systems[J]. Phys D, Nonlinear Phenomena, 2006, 213: 214-230.

[124] Wang X, Chen G. Synchronization in small-world dynamical networks[J]. Int. J. Bifurcation and Chaos, 2002, 12: 187-192.

[125] 张莉. Van der Pol-Duffing 系统混沌控制与同步研究[D]. 兰州: 兰州交通大学, 2008.